FLORE DE L'ARCHIPEL INDIEN.

7.S

ILLUSTRATIONS

DE LA

Flore de l'Archipel Indien,

PAR

F. A. W. MIQUEL.

AMSTERDAM, | UTRECHT,
C. G. VAN DER POST. | C. VAN DER POST JR.

LEIPZIG. — FRIEDR. FLEISCHER.

1871.

PRÉFACE.

Le présent ouvrage fait suite aux *Annales Musei Botanici Lugduno-Batavi*, publiés par M. Miquel et terminés par le 4me volume en 1869. Il contient l'illustration, par le même auteur, d'un certain nombre de familles, genres et espèces de plantes supérieures, appartenant à la flore de l'Archipel Indien. Après en avoir publié les deux premières livraisons, M. Miquel avait préparé pour la troisième livraison qui devait en outre contenir les planches relatives au texte de la seconde, la suite de la revision de *Balsaminées*, un notice sur le genre *Abroma*, un autre (d'après les communications du Dr. Eichler) sur la *Balanophora elongata* et une petite liste de corrigenda, lorsque la mort vint le surprendre au milieu de ses travaux.

Appelé á succéder M. Miquel au Museé, j'ai cru de mon devoir de soigner, avant tout, la publication de ces recherches, et d'offrer aux amis du célèbre défunt ces derniers fruits d'une vie laborieuse et vouée à la science jusqu'au dernier soupir.

W. F. R. SURINGAR.

CONTENU DE L'OUVRAGE.

	Pag.
NEPENTHACÉES.	1.
Nepenthes Korthalsiana MIQ.	2.
fimbriata BL.	3.
eustachya MIQ.	—
Reinwardtiana MIQ.	4.
tomentella MIQ.	5.
macrostachya BL.	—
Exposition méthodique des Nepenthes de l'Archipel Indien.	6.
CASUARINÉES.	8.
Casuarina montana MIQ.	9.
montana α tenuior.	—
montana β validior.	—
Sumatrana JUNGH.	10.
Rumphiana MIQ.	11.
SALICINÉES.	—
Salix tetrasperma ROXB.	—
tetrasperma forma Horsfieldiana ANDERSS.	—
″ var. sumatrana ANDERSS.	12.
urophylla LINDL.	13.
Salix Junghuhniana ANDERSSON mss.	13.
babylonica LINN.	14.
CRUCIFÈRES.	—
Nasturtium officinale R. BR.	—
diffusum DC.	—
indicum DC.	15.
heterophyllum BL.	—
Cardamine hirsuta LINN.	17.
javanica MIQ.	—
decurrens ZOLL. et MORITZ.	18.
Erysimum repandum LINN.?	19.
Sinapis Timoriana DC.	—
CAPPARIDÉES.	—
Gynandropsis pentaphylla DC.	—
Polanisia viscosa DC.	20.
angulata DC.	—
Crataeva Nurvala HAMILT.	—
tumulorum MIQ.	21.
membranifolia MIQ.	—
Cadaba capparoides DC.	—

Capparis tylophylla SPR. 22.	Daucus Carota LINN. 43.
salaccensis BL. 23.	Coriandrum sativum LINN. —
» var. celebica —	NYMPHÉACÉES. —
Hasseltiana MIQ. *n. sp.* 24.	Barclaya Motleyi HOOK. *fil.* —
lanceolaris DC. 25.	hirta MIQ. 44.
Zippeliana MIQ. *n. sp.* —	NAJADÉES. —
celebica MIQ. *n. sp.* 26.	Najas indica CHAM. —
sepiaria LINN. 27.	» var. macrodictya AL. BRAUN. —
dealbata DC. —	» » rigida AL. BRAUN. 45.
pubiflora DC. —	graminea DELILE. —
» var. moluccana. 28.	Halodule australis MIQ. —
» » sumatrana. —	Halophila ovalis HOOK FIL. —
callosa BL. 29.	» var. α ovata GAUDICH. —
micrantha DC. 30.	» » β minor ASCHERS. —
flexuosa BL. —	Potamogeton natans LINN. 46.
Korthalsiana MIQ. *n. sp.* 31.	Sumatrana MIQ. —
Forsteniana MIQ. *n. sp.* 32.	malayana MIQ. *n. sp.* —
Billardierii DC. 34.	» var. β tenuior. 47.
subcordata SPANOGHE. —	pectinata LINN. —
horrida LINN. —	pusilla LINN. —
» var. erythrodasys. 35.	JUNCAGINÉES. 48.
subacuta MIQ. —	Scheuchzeria palustris LINN. —
mariana JACQ 36.	ALISMACÉES. 49.
OMBELLIFÈRES. —	Sagittaria sagittifolia LINN. —
Hydrocotyle asiatica LINN. —	» var. leucopetala MIQ. —
hirsuta DC. 37.	Lophiocarpus Lappula MIQ. 50.
podantha MOLKENB. —	cordifolia MIQ. —
javanica THUNB. —	HYDROCHARIDÉES. 51.
nepalensis HOOK. 38.	Hydrilla verticillata CASPARY. —
sibthorpioides LAM. 39.	» var. α Roxburghii CASP. 52.
» forma glabra. —	» » β longifolia CASP. —
» » subglabra. —	alternifolia MIQ. *n. sp.* —
» » pubera. —	Blyxa octandra PLANCH. 54.
» » lobata. —	Enhalus acoroides STEUD. 55.
» » incisa. 40.	Hydrocharis asiatica MIQ. —
Sanicula elata HAMILT. —	Ottelia alismoides RICH. —
Pimpinella javana DC. —	javanica MIQ. 56.
Pruatjan MOLKENB. —	SUR QUELQUES GENRES DES CYPÉRA-
Oenanthe javanica DC 41.	CÉES DE LA TRIBU DES HYPOLY-
laciniata ZOLLING. 42	TRÉES. 57.
Torilis scabra DC. 43.	Hypolytrum latifolium RICH. 58.
Foeniculum vulgare GAERTN. —	borneense KURZ. 59.

	Pag.
Hypolytrum trinervium KUNTH.	59.
Lepironia mucronata RICH.	60.
enodis MIQ.	—
ceylanica MIQ.	61.
humilis MIQ.	—
Sumatrana MIQ.	62.
Bancana MIQ.	63.
palustris MIQ.	—
squamata MIQ.	64.
macrocephala MIQ.	—
Scirpodendron sulcatum KURZ.	65.
Schuurmansia elegans BL.	66.
REVUE DES LINÉES INDIGÈNES DANS L'ARCHIPEL INDIEN.	67.
Hugonia costata MIQ. n. sp.	—
Sumatrana MIQ. n. sp.	68.
Ixonanthes icosandra JACQ.	—
icosandra var. cuneata.	—
petiolaris BL.	69.
reticulata JACQ.	—
Sarcotheca macrophylla BL.	70.
Erythroxylon Sumatranum MIQ.	71.
REVUE DES SABIACÉES DE L'ARCHIPEL INDIEN.	—
Sabia Menicosta BL.	—
Menicosta var. β elliptica.	—
pauciflora BL.	72.
Sumatrana BL.	—
Meliosma simplicifolia ENDL.	73.
lepidota BL.	—
laurina BL.	—
fruticosa BL.	—
polyptera MIQ.	—
lanceolata BL.	74.
sambucina MIQ.	—
floribunda BL.	—
ferruginea BL.	—
confusa BL.	—
hirsuta BL.	—
nitida BL.	—
Meliosma cuspidata BL.	—
Sumatrana MIQ.	75.

	Pag.
PITTOSPOREES.	75.
Pittosporum javanicum BL.	—
moluccanum MIQ.	76.
ferrugineum AIT.	77.
chelidospermum BL.	—
sinuatum BL.	78.
novoguineense MIQ.	79.
Timorense BL.	80.
fissicalyx MIQ. n. sp.	81.
ramiflorum ZOLL. mss.	82.
Brackenridgei A. GRAY.	83.
monticolum MIQ. n. sp.	—
ESPÈCES DE PTEROSPERMUM ET DE BUTTNERIA.	84.
Pterospermum acerifolium WILDD.	84.
subsessile MIQ.	85.
elongatum KORTH.	86.
celebicum MIQ. n. sp.	87.
Sumatranum MIQ. n. sp.	—
javanicum JUNGH.	88.
Buttneria Reinwardtii KORTH.	90.
angulata HASSK.	91.
flaccida SPANOGH.	—
REVUE DES BALSAMINÉES.	92.
Hydrocera triflora WIGHT. et ARN.	—
Impatiens cyclocoma MIQ. n. sp.	—
latifolia LINN.	93.
» α vulgaris.	—
» β parvifolia.	94.
» γ? novoguineensis.	—
celebica MIQ. n. sp.	—
Zippelii MIQ. n. sp.	—
javensis STEUD.	95.
» β glabrior.	—
» γ caespitosa.	—
» δ robustior.	—
borneensis MIQ. n. sp.	96.
hirsuta STEUD.	—
nematoceras MIQ. n. sp.	97.
Teysmanni MIQ.	98.
micrantha MIQ.	—
minutiflora MIQ.	99.

	Pag.		Pag.
Impatiens Balsamina LINN.	99.	Impatiens leptoceras DC.	103.
Junghuhnii MIQ. n. sp.	—	» var. eubotrya.	—
Korthalsii MIQ. n. sp.	100.	choneceras HASSK.	—
Diepenhorstii MIQ.	101.	Abroma denticulata MIQ.	105.
pyrrhotricha MIQ.	—	mollis DC.	—
albo-flava MIQ.	—	fastuosa R. BR.	—
Perezii TEYSM. mss.	102.	Balanophora elongata BL.	

ILLUSTRATIONS

DE LA

Flore de l'Archipel Indien,

PAR

F. A. W. MIQUEL.

AMSTERDAM,
C. G. VAN DER POST.
UTRECHT,
C. VAN DER POST JR.
LEIPZIG. — FRIEDR. FLEISCHER.
1871.

PRÉFACE.

Le présent ouvrage fait suite aux *Annales Musei Botanici Lugduno-Batavi*, publiés par M. Miquel et terminés par le 4me volume en 1869. Il contient l'illustration, par le même auteur, d'un certain nombre de familles, genres et espèces de plantes supérieures, appartenant à la flore de l'Archipel Indien. Après en avoir publié les deux premières livraisons, M. Miquel avait préparé pour la troisième livraison qui devait en outre contenir les planches relatives au texte de la seconde, la suite de la revision de *Balsaminées*, un notice sur le genre *Abroma*, un autre (d'après les communications du Dr. Eichler) sur la *Balanophora elongata* et une petite liste de corrigenda, lorsque la mort vint le surprendre au milieu de ses travaux.

Appelé à succéder M. Miquel au Museé, j'ai cru de mon devoir de soigner, avant tout, la publication de ces recherches, et d'offrer aux amis du célèbre défunt ces derniers fruits d'une vie laborieuse et vouée à la science jusqu'au dernier soupir.

W. F. R. SURINGAR.

CONTENU DE L'OUVRAGE.

	Pag.
NEPENTHACÉES.	1.
Nepenthes Korthalsiana MIQ.	2.
fimbriata BL.	3.
eustachya MIQ.	—
Reinwardtiana MIQ.	4.
tomentella MIQ.	5.
macrostachya BL.	—
Exposition méthodique des Nepenthes de l'Archipel Indien.	6.
CASUARINÉES.	8.
Casuarina montana MIQ.	9.
montana α tenuior.	—
montana β validior.	—
Sumatrana JUNGH.	10.
Rumphiana MIQ.	11.
SALICINÉES.	—
Salix tetrasperma ROXB.	—
tetrasperma forma Horsfieldiana ANDERSS.	—
» var. sumatrana ANDERSS.	12.
urophylla LINDL.	13.

	Pag.
Salix Junghuhniana ANDERSSON mss.	13.
babylonica LINN.	14.
CRUCIFÈRES.	—
Nasturtium officinale R. BR.	—
diffusum DC.	—
indicum DC.	15.
heterophyllum BL.	—
Cardamine hirsuta LINN.	17.
javanica MIQ.	—
decurrens ZOLL. et MORITZ.	18.
Erysimum repandum LINN.?	19.
Sinapis Timoriana DC.	—
CAPPARIDÉES.	—
Gynandropsis pentaphylla DC.	—
Polanisia viscosa DC.	20.
angulata DC.	—
Crataeva Nurvala HAMILT.	—
tumulorum MIQ.	21.
membranifolia MIQ.	—
Cadaba capparoides DC.	—

	Pag.
Capparis tylophylla SPR.	22.
salaccensis BL.	23.
» var. celebica	—
Hasseltiana MIQ. *n. sp.*	24.
lanceolaris DC.	25.
Zippeliana MIQ. *n. sp.*	—
celebica MIQ. *n. sp.*	26.
sepiaria LINN.	27.
dealbata DC.	—
pubiflora DC.	—
» var. moluccana.	28.
» » sumatrana.	—
callosa BL.	29.
micrantha DC.	30.
flexuosa BL.	—
Korthalsiana MIQ. *n. sp.*	31.
Forsteniana MIQ. *n. sp.*	32.
Billardierii DC.	34.
subcordata SPANOGHE.	—
horrida LINN.	—
» var. erythrodasys.	35.
subacuta MIQ.	—
mariana JACQ.	36.
OMBELLIFÈRES.	—
Hydrocotyle asiatica LINN.	—
hirsuta DC.	37.
podantha MOLKENB.	—
javanica THUNB.	—
nepalensis HOOK.	38.
sibthorpioides LAM.	39.
» forma glabra.	—
» » subglabra.	—
» » pubera.	—
» » lobata.	—
» » incisa.	40.
Sanicula elata HAMILT.	—
Pimpinella javana DC.	—
Pruatjan MOLKENB.	—
Oenanthe javanica DC	41.
laciniata ZOLLING.	42
Torilis scabra DC.	43.
Foeniculum vulgare GAERTN.	—

	Pag.
Daucus Carota LINN.	43.
Coriandrum sativum LINN.	—
NYMPHÉACÉES.	—
Barclaya Motleyi HOOK. *fil.*	—
hirta MIQ.	44.
NAJADÉES.	—
Najas indica CHAM.	—
» var. macrodictya AL. BRAUN.	—
» » rigida AL. BRAUN.	45.
graminea DELILE.	—
Halodule australis MIQ.	—
Halophila ovalis HOOK FIL.	—
» var. α ovata GAUDICH.	—
» » β minor ASCHERS.	—
Potamogeton natans LINN.	46.
Sumatrana MIQ.	—
malayana MIQ. *n. sp.*	—
» var. β tenuior.	47.
pectinata LINN.	—
pusilla LINN.	—
JUNCAGINÉES.	48.
Scheuchzeria palustris LINN.	—
ALISMACÉES.	49.
Sagittaria sagittifolia LINN.	—
» var. leucopetala MIQ.	—
Lophiocarpus Lappula MIQ.	50.
cordifolia MIQ.	—
HYDROCHARIDÉES	51.
Hydrilla verticillata CASPARY.	—
» var. α Roxburghii CASP.	52.
» » β longifolia CASP.	—
alternifolia MIQ. *n. sp.*	—
Blyxa octandra PLANCH.	54.
Enhalus acoroides STEUD.	55.
Hydrocharis asiatica MIQ.	—
Ottelia alismoides RICH.	—
javanica MIQ.	56.
SUR QUELQUES GENRES DES CYPÉRACÉES DE LA TRIBU DES HYPOLYTRÉES.	57.
Hypolytrum latifolium RICH.	58.
borneense KURZ.	59.

	Pag.		Pag.
Hypolytrum trinervium KUNTH.	59.	PITTOSPORÉES.	75.
Lepironia mucronata RICH.	60.	Pittosporum javanicum BL.	—
enodis MIQ.	—	moluccanum MIQ.	76.
ceylanica MIQ.	61.	ferrugineum AIT.	77.
humilis MIQ.	—	chelidospermum BL.	—
Sumatrana MIQ.	62.	sinuatum BL.	78.
Bancana MIQ.	63.	novoguineense MIQ.	79.
palustris MIQ.	—	Timorense BL.	80.
squamata MIQ.	64.	fissicalyx MIQ. n. sp.	81.
macrocephala MIQ.	—	ramiflorum ZOLL. mss.	82.
Scirpodendron sulcatum KURZ.	65.	Brackenridgei A. GRAY.	83.
Schuurmansia elegans BL.	66.	monticolum MIQ. n. sp.	—
REVUE DES LINÉES INDIGÈNES DANS L'ARCHIPEL INDIEN.	67.	ESPÈCES DE PTEROSPERMUM ET DE BUTTNERIA.	84.
Hugonia costata MIQ. n. sp.	—	Pterospermum acerifolium WILLD.	84.
Sumatrana MIQ. n. sp.	68.	subsessile MIQ.	85.
Ixonanthes icosandra JACQ.	—	elongatum KORTH.	86.
icosandra var. cuneata.	—	celebicum MIQ. n. sp.	87.
petiolaris BL.	69.	Sumatranum MIQ. n. sp.	—
reticulata JACQ.	—	javanicum JUNGH.	88.
Sarcotheca macrophylla BL.	70.	Buttneria Reinwardtii KORTH.	90.
Erythroxylon Sumatranum MIQ.	71.	angulata HASSK.	91.
REVUE DES SABIACÉES DE L'ARCHIPEL INDIEN.	—	flaccida SPANOGH.	—
Sabia Menicosta BL.	—	REVUE DES BALSAMINÉES.	92.
Menicosta var. β elliptica.	—	Hydrocera triflora WIGHT. et ARN.	—
pauciflora BL.	72.	Impatiens cyclocoma MIQ. n. sp.	—
Sumatrana BL.	—	latifolia LINN.	93.
Meliosma simplicifolia ENDL.	73.	» α vulgaris.	—
lepidota BL.	—	» β parvifolia.	94.
laurina BL.	—	» γ? novoguineensis.	—
fruticosa BL.	—	celebica MIQ. n. sp.	—
polyptera MIQ.	—	Zippelii MIQ. n. sp.	—
lanceolata BL.	74.	javensis STEUD.	95.
sambucina MIQ.	—	» β glabrior.	—
floribunda BL.	—	» γ caespitosa.	—
ferruginea BL.	—	» δ robustior.	—
confusa BL.	—	borneensis MIQ. n. sp.	96.
hirsuta BL.	—	hirsuta STEUD.	—
nitida BL.	—	nematoceras MIQ. n. sp.	97.
Meliosma cuspidata BL.	—	Teysmanni MIQ.	98.
Sumatrana MIQ.	75.	micrantha MIQ.	—
		minutiflora MIQ.	99.

	Pag.
Impatiens Balsamina LINN.	99.
Junghuhnii MIQ. *n. sp.*	—
Korthalsii MIQ. *n. sp.*	100.
Diepenhorstii MIQ.	101.
pyrrhotricha MIQ.	—
albo-flava MIQ.	—
Perezii TEYSM. *mss.*	102.

	Pag.
Impatiens leptoceras DC.	103.
» var. eubotrya.	—
choneceras HASSK.	—
Abroma denticulata MIQ.	105.
mollis DC.	—
fastuosa R. BR.	—
Balanophora elongata BL.	—

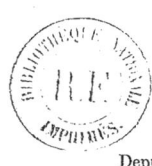

NEPENTHACÉES.

NEPENTHES LINN.

Depuis l'époque où M. KORTHALS publia son mémoire sur les Nepenthes de l'Archipel Indien (*Verhandelingen over de Natuurlijke Geschiedenis Botanie*, p. 1—44), accompagné d'excellentes figures, dessinées d'après les plantes vivantes, il en fut découvert plusieurs espèces nouvelles par des voyageurs anglais dans l'île de Bornéo, et par JUNGHUHN et TEYSMANN dans les îles de Java, de Sumatra et de Bangka. Au moment où je publiai une revue des espèces de nos Indes (*Flora Indiae Batavae, vol.* I. 1ère *partie*) les espèces nouvelles et très remarquables de Bornéo, publiées par M. J.-D. HOOKER (*Linnean Transactions*) m'étaient encore inconnues.

Parmi les espèces de ce genre, aussi naturel qu'isolé dans la série des ordres naturels, il y en a plusieurs qu'il est difficile de reconnaître d'après les échantillons desséchés et trop souvent incomplets. Une série des différents degrés de développement des ascidies fait voir que ces organes offrent dans la même espèce et le même individu des formes très-variées, tant par rapport à l'âge de la plante que quant aux différentes hauteurs de la tige d'où naissent les feuilles, et non moins quant aux périodes de leur propre développement. Il est fort rare aussi de rencontrer des échantillons complets, c'est-à-dire les deux sexes en fleur et les fruits. En vue de telles difficultés je me suis décidé de publier ici les dessins des espèces dont nous n'avons pas encore de bonnes figures.

L'Archipel Indien est plus que toutes les autres régions de l'ancien monde la patrie de ce genre, et les grandes îles de Bornéo et de Sumatra forment, à ce qu'il paraît le centre de la distribution, du moins c'est de ces deux îles que nous connaissons le plus grand nombre d'espèces et les formes les plus gigantesques, tandis que l'île de Java, beaucoup mieux explorée que Bornéo et Sumatra, et les Moluques nous en offrent un nombre bien plus restreint. Le fait que dans les genres composés d'espèces intimement liées entre elles plusieurs n'occupent qu'un rayon limité, tandis que l'une ou l'autre est plus répandue, se trouvant presque

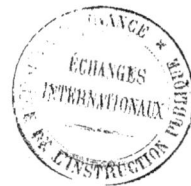

dans l'aire entière du genre, comme espèce hégémone (p. ex le *Casuarina equisetifolia* pour son genre, le *Salix tetrasperma* pour les Saules aux Indes), ce fait semble se reproduire aussi pour les *Nepenthes*. Comme on verra dans la liste qui va suivre, la plupart des espèces sont limitées à une seule île ou à deux îles voisines, mais le *N. phyllamphora* est dispersé dans le continent et l'archipel de l'Asie; on le trouve à Malacca, en Cochinchine, en Chine et jusque dans les montagnes de Java, aux Moluques et dans la Nouvelle-Guinée, et le *N. melamphora* croît dans les montagnes de Khasya, à Bornéo et dans l'île de Java.

Un autre fait remarquable dans la distribution géographique des *Nepenthes*, c'est que plusieurs espèces se développent depuis les rochers au bord de la mer jusqu'aux cimes des montagnes volcaniques. En général l'humidité de l'air et une température élevée sont des conditions urgentes à leur développement. Quelques espèces végétent à des élévations considérables, p. ex. le *N. villosa* sur le Kina-Balou de Bornéo, le *N. Bongso* sur le Loubou-Raja et le Mérapi (à la hauteur de 2500 mètres) de Sumatra, le *N. melamphora* sur les volcans les plus élevés de Java etc. — Bornéo et Sumatra nous offrent plusieurs espèces identiques, qui sont donc des preuves nouvelles de l'affinité intime de la végétation de ces deux îles.

NEPENTHES KORTHALSIANA MIQ. — Pl. I

Flora Ind. bat. I. 1, p. 1071.

Phyllodia caulina sessilia alato-decurrentia oblongo-lanceolata vel lanceolata glabra coriacea, supra transverse venosa nervisque tenuibus paucis costae parallelis, praeter costam subtus subenervia, 10—12 centim. longa, 2—3 lata, ascidiis (10 centim. longis) e basi antice subventricosa tubulosis, adultis glabratis, nervis duobus anticis ad orificium obliquum anguste annulatum continuatis validiusculis nudis, postico in mucronem puberum producto, operculo suborbiculari, intus glanduloso; racemi subsessiles rufo-velutino-hirtelli densiflori, pedicellis spiraliter subverticillatim dispositis indivisis unifloris, infimis passim subgeminato-exortis; perigonii (fem.) sepala obovato-oblonga obtusa extus hirtella, ovarium ellipsoideo-tetragonum rufule brevihirsutulum.

Cette espèce fut découverte par TEYSMANN, dans la province Siboga de l'île de *Sumatra*, et par S. KURZ dans l'île de *Bangka*. Par la forme des phyllodes elle se rapproche du *N. Reinwardtiana*, mais elle en diffère essentiellement par son racème entièrement simple, à pédicelles indivisés. Elle se distingue au premier abord du *N. gracilis* par les ascidies non ciliés, d'une couleur probablement plus ou moins verte, autant que je puis en juger d'après les échantillons désséchés.

EXPLICATION DE LA PLANCHE I.

Fig. 1 Branche ascidifère, de grandeur ½ réduite; 2. feuille ascidifère de grandeur naturelle; 3. inflorescence fem. grandeur naturelle; 4. fleur; 5. un grand et un pétit sépale; 6. pistil; 7. transversalement coupé; figg. 4—7 augmentées.

NEPENTHES FIMBRIATA BL. — Pl. II.

Miq. *Flor. Ind. bat.* I. 1, p. 1072.

Phyllodia caulina longiuscule petiolata lanceolata vel oblonga, 12—24 centim. longa, inferiora denticulato-fimbriata, superiora obsolete denticulata, subtus glabra vel parce stellato-pubera, ascidiis ventricoso-tubulosis 10—18 centim. longis, ore angusto-annulatis, alis anticis vulgo ciliolatis, operculo ovali-rotundato intus inappendiculato minute glanduloso; racemi cum ovariis tetragonis obsolete tomentelli; pedicelli uniflori; perigonii feminei sepala oblonga deorsum angustata aequalia, masculini ovalia breviora.

C'est feu M. BLUME qui distingua cette espèce (*Museum botanicum* II. p. 10), auparavant confondue avec les formes du *N. phyllamphora*. Elle diffère du *N. macrostachya* par l'inflorescence simple à pédicelles uniflores et les sépales presque aiguës; du *N. phyllamphora*, par ses phyllodes denticulés ciliés. Elle a été découverte par le docteur KORTHALS dans l'île de *Bornéo*, aux bords de la rivière Dousson et dans les environs de Poulou Lampei.

EXPLICATION DE LA PLANCHE II.

Fig. 1 Branche ascidifère feminine en fleur, de grandeur naturelle, avec un ascidium entièrement adulte; 2. inflorescence mâle, ½ grandeur naturelle; 3. fleur mâle, 2 fois grossie; 4. coupe transversale du synandrium, plusieurs fois grossie; 5. fleurs femelles, deux fois grossies; 6. ovaire coupé transversalement, grossi; 7. ovule, grossie; 8. racème capsulifère mûr, ½ de la grandeur nat.; 9. capsules mûres, grandeur naturelle; 10. surface intérieure de l'opercule fortement grossie.

NEPENTHES EUSTACHYA MIQ. — Pl. III.

Flora Ind. bat. I. 1, p. 1074.

Rami subcylindrici glabri; phyllodia caulina in petiolum alatum semiamplexicaulem angustata oblongo-lanceolata vel subcuneata apice obtusiuscula, coriacea, glabra, non punctata, subtus praeter costam subavenia, supra nervis 3 tenuibus a costa dissitis utrinque instructa et obsolete venosa, cum petiolo 15—18 centim. longa, ascidiis inferne antrorsum subventricosis, ad medium leviter angustatis, tubuloso-infundibuliformibus, glabris, nervis 2 anticis versus basin subcarinatis usque ad orificium obliquum annulatum subcontinuatis, dorsali in brevem mucronem exserto, 13—18 centim. longis, operculo e basi leviter cordato rotundato, intus dense minute glanduloso; racemi (masc.) pedunculati obtusangli distantiflori, fere bipedales, minutissime puberi; pedicelli sparsi bifidi vel superiores simplices, graciles, puberuli; sepala obovato-oblonga praeter margines utrinque glabra, intus glandulosa; capitulum ex antheris 16? (vel 8?) connatis.

Cette espèce remarquable fut découverte par TEYSMANN dans la province Siboga de l'île de *Sumatra*, sur les rivages de la mer, où elle rampe entre les arbustes et sur les rochers. La longueur des racèmes mâles et la forme des ascidies fournissent d'excellents caractères distinctifs.

EXPLICATION DE LA PLANCHE III.

Fig. 1. branche feuillée, ½ grand. nat.; 2. ascidium de grandeur naturelle; 3. racème mâle, ⅓ de la grandeur naturelle; 4. fleurs mâles, 3 fois grossies; 5. capitule anthérifère, coupé transversalement.

NEPENTHES REINWARDTIANA MIQ. — Pl. IV.

Pl. Junghuhnianae I. *p.* 168; *Flora Ind. bat. l. c. p.* 1075.

Ramuli trigoni; phyllodia caulina sessilia alato-decurrentia lanceolata vel spathulato-lanceolata, glabra, coriacea, costa valida nervisque paucis ex ea vulgo ortis supra distinctis, 10—11½ centim. longa, ascidiis e basi leviter ventricosa tubuloso-infundibuliformibus, 8—11½ centim. longis, adultis glabris, nervis 2 anticis remotius ab ore obliquo modiceque annulato in venas dissolutis nudis, postico in mucronem producto, operculo elliptico intus glanduloso; racemi pedunculati, masculi 18, feminei 8—13 centim. longi cum perigoniis ovariisque fusco-tomentelli sensim glabrescentes; pedicelli (exceptis paucis supremis femineis) infra medium bifidi; sepala lanceolato-elliptica; capsulae subglabrae pallide fuscae, cylindrico-tetragonae (12—31 millim. longae).

Du port du *N. gracilis*, elle en diffère par les ascidies non ailées et par les pédicelles bifides. JUNGHUHN la découvrit dans le nord de l'île de *Sumatra*, dans la province de Battak, sur la montagne de Simour Woasos à 4500 pieds de hauteur et sur les monticules de Pouger-Outang. Plus recemment TEYSMANN en a rapporté des échantillons de la même île, de la région Sedjoundgang et de l'île de *Bangka* Pour la description détaillée de cette espèce voy. *Pl. Jungh. l. c. p.* 168.

EXPLICATION DE LA PLANCHE IV.

Fig. 1. Branche ascidifère féminine en fleur, de grandeur ½ réduite; 2. phyllode ascidifère de grandeur naturelle; 3. fleurs fem. 5 fois grossies; 4. ovaire coupé, 10 fois grossi; 5. capsules mûres dehiscentes, de grandeur naturelle; 6. graine, 20 fois grossie; 7. surface intérieure de l'opercule fortement grossie.

NEPENTHES TOMENTELLA MIQ. — Pl. V.

Flora Ind. bat. I. 1, *p.* 1075.

Rami obtuse tetragoni cum phyllodiis subtus stellato-subtomentelli; phyllodia caulina obverse lanceolata deorsum attenuata, 18—24 centim. longa, coriacea, supra penninervia et pube simplici brevi inspersa, utrinque subpunctata, ascidiis 10—12½ centim. longis viridibus vel apice purpureo-maculatis, brevissime puberis, tubulosis vix infundibuliformibus, nervis 2 anticis usque ad orificium parum obliquum annulo postice crassiore circumdatum continuatis, nudis, postico in mucronem pubescentem exserto, operculo ovali; racemi (fem.) pedunculati maturi subglabrati angulati, cum capsulis minutissime puberi et punctati; pedicelli graciles infra medium bifidi, supremi indivisi; sepala sublanceolata.

Cette espèce diffère du *N. Bongso* par la nervation des feuilles, leur duvet, par la forme des tiges, les ascidies non retrécis vers la base et par les pédicelles bifides. Elle se rapproche aussi du *N. Reinwardtiana* et *Korthalsiana*, mais il n'est pas difficile de la reconnaître par le duvet composé de poils rameux et étoilés. Elle fut découverte par TEYSMANN dans l'île de *Sumatra*, dans le littoral de la province de Siboga.

EXPLICATION DE LA PLANCHE V.

Fig. 1. Branche stérile, ¼ de grandeur naturelle; 2. feuille ascidifère de grandeur naturelle; 3. les deux surfaces velues d'une feuille, grossies; 4. Poils rameux et étoilés de la surfase inférieure, fortement augmentés.

NEPENTHES MACROSTACHYA BL. — Pl. VI.

BLUME *Mus. bot.* II. *p.* 7; MIQ. *l. c. p.* 1076 *N. phyllamphora* JACK *in* HOOK. *Comp. Bot. Mag.* I. *p.* 27; KORTHALS *Verh. p.* 28 (*partim*) *tab.* 15.

Phyllodia caulina petiolata elliptico- vel obverso-oblonga vel sublanceolata, 13—26 centim. longa, inferiora ciliato-denticulata, superiora obsolete denticulata, glabra vel subtus parce stellato-pubera, ad utrumque costae latus 4—5-nervia, ascidiis ventricoso-tubulosis viridulis vel purpureo-variegatis, puberulis, circiter 16 centim.

longis, subnudis vel antice e 2 nervis ciliatis, ore mediocriter annulatis, intus superne pallidis vel purpureis, deorsum fuscis, glandulosis, operculo ovali intus inappendiculato; racemi pedunculati cum ovariis tetragonis incano-tomentelli, pedicellis infra medium vel ad basin bifidis, femineis brevioribus, sepalis intus glandulosis, masculis lato-ovalibus, femineis ovali-oblongis; capsulae utrinque attenuatae.

Sans doute cette espèce a des rapports intimes avec la *Nepenthes eustachya*, mais en examinant de plus près les caractères différentiels, on ne doutera pas de leur différence essentielle, signalée p. ex. par les pétioles courts ailés ou non ailés et très-développés, la forme des feuilles et le nombre différent des nervures, les bords des feuilles entiers ou ciliés, tandis que les ascidies offrent des différences encore plus marquées, sans parler des inflorescences dont le port et le duvet diffèrent beaucoup dans ces deux espèces. — Quoique dans l'ouvrage de KORTHALS se trouve un belle figure de cette espèce, je l'ai fait dessiner de nouveau d'après les échantillons, qui offrent la forme la plus ordinaire des feuilles.

Cette espèce, bien différente du *N. phyllamphora*, avec laquelle on l'a confondue, croît dans l'île de *Sumatra*, où elle fut rencontrée dans les provinces de Benkoulen, Padang, Bonjol par JACK, KORTHALS et TEYSMANN. Les habitants la connaissent sous les noms de Gada Gada; Daun Kendi; Prioukan; Katjang berouk.

EXPLICATION DE LA PLANCHE VI.

Fig. 1. Branche feuillée, $\frac{1}{2}$ de grandeur naturelle; 2. ascidium de grandeur naturelle; 3. racème mâle, $\frac{1}{2}$ de la grandeur naturelle; 4. fleurs mâles, deux fois grossies; 5. coupe transversale du synandrium, quatre fois grossie; 6. racème fem. à l'état peu développé, $\frac{1}{2}$ grandeur naturelle; 7. le même avec des capsules mûres, $\frac{1}{2}$ réduit; 8. capsules dehiscentes, grandeur naturelle.

DISPOSITION MÉTHODIQUE DES NEPENTHES DE L'ARCHIPEL INDIEN.

I. *Racèmes simples, à pédicelles simples uniflores.*
  † Ascidies sur la surface antérieure ni ailés ni fimbriés.
  1. *N. phyllamphora* WILLD., MIQ. *Fl. Ind. bat.* I. 1, *p* 1069, HOOK. *fil. Linn. Transact.* XXII. p. 422. (RUMPH. *Herb. Amb.* V. *tab.* 59, *fig.* 2).
   var. β platyphylla BL., MIQ. *l. c.*
   Bornéo, Labouan à 2500 pieds de hauteur. *Malacca, Singapore, Iles Moluques, Tidore, Nouvelle-Guinée, Chine, Cochinchine?* — *var.* β: *Java*, dans la prov. de Bantam.
  2. *N. Bongso* KORTH. *Verh.* p. 19, *tab.* 14, MIQ. *l. c.* p. 1070.
   Sumatra, sur les roches volcaniques du Merapi, dans les forêts sur la cime du Loubou Raja. *Ile de Bangka*.
  3. *N. Rafflesiana* JACK, MIQ. *l. c.*, Suppl. I. p. 150, 365, HOOK. *fil. l. c. Bot. Magas. tab.* 4285; VAN HOUTTE *Fl. d. Serr.* III. *tab.* 213—14 *Annal. d. Gand* III. *tab.* 105.
   Sumatra, Bangka, dans les marais, *Singapore, Malacca, Bintang, Bornéo*, dans la prov. de Labouan et sur le Kina-Balou à 3500 pieds de hauteur.

4. *N. gracilis* KORTH. *l. c tab.* 1 MIQ. *l. c. p* 1071. *Suppl.* 1. *p.* 151, 366, *Var.* β *elongata* BL. (*N. destillatoria* JACK *in Comp. Bat. Mag.* I. *p.* 271, *non* LINN.). *N. laevis hortor.* Voy. HOOK. *fil. Transact. Linn. Soc.* XXII. *p.* 422.
Sumatra, littoral de la province de Siboga. *Ile de Bangka. Borneo*, sur les bords de la rivière Palantau et au pied du Pamatton. Aussi répandu dans le littoral N. Ouest de cette île.
Var. β *Bornéo, Malacca* et *Singapore.*
5. *N. Korthalsiana* MIQ. *l. c., Suppl.* I. *p.* 151, 366. Voy. *supra* Pl. I.
Sumatra, littoral de Siboga. *Ile de Bangka.*
†† Ascidies ailés et fimbriés sur la surface antérieure.
6. *N. fimbriata* BL, MIQ. *l. c p.* 1072. HOOK. *fil. Transact. Linn. Soc.* XXII. *p.* 422 Voy. *supra* Pl. II.
Bornéo, dans les régions australes. D'après HOOKER elle croit aussi dans la *Nouvelle Guinée* et dans *l'Archipel de la Louisiade.*
7. *N. villosa* HOOK. *fil. Icon. Pl. tab.* 888. *Linn. Transact. vol.* XXII. *p.* 420, *tab.* LXIX. MIQ. *Fl. Ind. bat.* I. 2, *p.* 688 *excl. cit. et Bat. Magaz.*
Bornéo, sur la montagne Kina-Balou à 8000—9000 pieds de hauteur.
8. *N. Edwarsiana* LOW *mss.* HOOK. *fil* Linn. *Transact. l. c. tab.* LXX.
Bornéo, sur la montagne Kina-Balou, versant au nord à 6000—8000 pieds d'élévation.
9. *N. Veitchii* HOOK. *fil. l. c. p.* 421. *N villosa* HOOK. *fil. Bot. Mag. tab* 5080 (*non Icon. Pl tab.* 888).
Bornéo, 1000 pieds d'élévation; sur le mont Gounoung Moulou, à 3000 pieds.
II. *Racèmes composés, à pedicelles* 2—3—4-*fides.*
* Pedicelles bifides ou les supérieurs simples.
† Ascidies non ailés ni fimbriés.
10. *N. trichocarpa* MIQ. *Fl. l. c. p.* 1072. *Journal de Botanique Néerl.* I. *p.* 275, *tab.* II. *Sumatra*, dans les régions maritimes de Siboga.
11. *N. Lowii* HOOK. *fil. l. c. p.* 420, *tab.* LXXI.
Bornéo, sur la Kina-Balou à 6000—8000 pieds de hauteur.
12. *N. melamphora* REINW., MIQ. *l. c. p* 1072, BL. *Mus.* II *fig.* I. *N. gymnamphora* REINW. et NEES in *Ann. Sc. nat.* III. 1824, *p.* 366, *tab.* 19. KORTH. *l. c. tab.* 3. MIQ. *Pl. Jungh.* I. *p.* 169. *N. destillatoria* GRAHAM *in Bot. Magaz. tab.* 2798.
var. β *lucida* BL., MIQ *l. c.* HOOK. *fil. l c. p.* 423.
var. γ *haematamphora* MIQ. *l. c. in Pl. Jungh.*
Java, sur les volcans, p. ex. sur le Dieng, Pangerango, à 5000 pieds, Gounoung Prahou, entre 1000 à 2000 mètres de hauteur. *Bengale*, dans les montagnes de Khasya.
var. β. *Bornéo*, dans le région de Banjermassing.
var. γ. *Java*, sur les montagnes de G. Patoua et Merapi, à 3—4000 pieds de hauteur.
13. *N. Teysmanniana* MIQ. *l. c. p.* 1073. *Journ. d. Bot. Néerl.* I. *p.* 273, *tab.* I.
Sumatra, dans les régions littorales de Siboga.
14. *N. Boschiana* KORTH *l. c. p.* 25, *tab.* 2. MIQ. *Flor. l. c. p* 1074. HOOK. *fil. l. c. p.* 422.
var. β *sumatrana* MIQ. *l. c.*
Bornéo, sur la cime du mont Sakoumbang, à 967 mètres, sur le Moulou à 3000 pieds de hauteur
var. β *Sumatra*, dans le littoral de Siboga.
15. *N. eustachyc* MIQ. *l. c. p.* 1074. Voy. *supra* Pl. III.
Sumatra, littoral de la prov. de Siboga, sur les rochers.

16. *N. maxima* REINW., NEES *in Ann. Sc. nat.* III. *p.* 369, *tab.* 20, *fig.* 2. MIQ. *l. c. p.* 1075.
Célèbes.
17. *N. Reinwardtiana* MIQ. *Pl. Jungh.* I. *p.* 168. MIQ. *Fl. l. c. Suppl.* I. *v.* 151, 366. HOOK. *fil. l. c. p.* 422 (*N. Reinwardtii*). Voy. *supra* Pl. IV.
Sumatra, dans la prov. de Battak, sur la montagne Simour Woasos à 4500 pieds de hauteur, à Pouger Outang, Sedjoundgang. — *Bangka.*
Bornéo, sur le mont Moulou, à 3000 pieds de hauteur.
18. *N. tomentella* MIQ. *Flor. l. c. p.* 1075. Voy. *supra.* Pl. V.
Sumatra, dans le littoral de Siboga.
†† Ascidies antérieurement bi-ailés et ciliés.
19. *N. macrostachya* BL. *Mus.* II. *p.* 7. MIQ *Fl. l. c. p.* 1076. *Supra tab.* VI. *N. phyllamphora* JACK *in* HOOK. *Comp.* I. *p.* 27. KORTH. *l. c. p.* 28 (*partim*), *tab.* 15.
Sumatra, dans les prov. de Benkoulen, Padang, Bonjol, dans les forêts humides. Nous n'avons pas d'échantillons de Bornéo, mais KORTHALS dit l'avoir vu aux bords du Dousson.
20. *N. Rajah* HOOK. *fil. l. c. p.* 421, *tab.* LXXII.
Bornéo, sur le Kina-Balou, à 500 pieds de hauteur.
21. *N. albo-marginata* HOOK. *fil. l. c. p.* 422, *tab.* LXXIII.
Bornéo, sur les rochers aux embouchures des rivières Lokatan et Tanjong-Pou. — *Singapore.*
** Pedicelles 3—4-fides. Ascidies ailés et fimbriés.
22. *N. ampullaria* JACK. MIQ. *l. c. p.* 1076. *Suppl.* I. *p.* 151, 366. KORTH. *l. c. p.* 39, *tab.* 13. HOOK. *fil. l. c. p.* 423. Ex errore passim »N. ampullacea" scriptum est.
Sumatra, dans les forêts marécageuses, aussi dans les régions littorales de Siboga. *Bangka, Malacca, Singapore* et dans les petites îles au sud de Malacca. — *Bornéo.*

CASUARINÉES.

Cinq espèces du genre *Casuarina* habitent l'Archipel Indien. En première ligne vient la *C. equisetifolia* FORST., répandu partout dans les régions maritimes, où il forme souvent de petites forêts, appelées »Tjamara laut" par les indigènes, et qui donnent au paysage un aspect singulier presque triste. Les autres espèces, qui ne se trouvent pas dans le Nouvelle-Hollande, la patrie principale de ce genre, et qui paraissent propres à l'Inde insulaire, ont une distribution plus limitée. Ainsi le *C. montana* n'a été rencontré que dans la partie orientale de *Java* et dans quelques îles voisines situées vers l'est, le *C. sumatrana* croît dans les régions montagneuses de *Sumatra* et de *Bornéo*, et probablement à *Célèbès* et dans l'île de *Ceram;* une variété du *C. nodiflora* FORST. (*var. robusta*) a été rencontrée à *Bornéo*, et dans le petit Archipel de *Fiji* et le *C. Rumphiana* à *Amboina.* Ce genre représente un type essentiellement australien dans l'Archipel Indien.

CASUARINA MONTANA MIQ. — Pl. VII.

ZOLL. *Syst. Verz. p.* 86. MIQ. *in* DECAND. *Prodr.* XVI. *Sect. post. p.* 335.

Arbor alta; ramuli graciles stricti simplices subnodulosi, internodiis circiter centimetralibus sulcato-striulatis, vaginarum dentibus 10—12 adpressis anguste lanceolatis; amenta masc. terminalia teretia obtusa (iis C. equisetifoliae similia); amenta fem. lateralia i. e. ramulos brevissimos terminantia, matura ellipsoidea vel oblonga utrinque truncata 17—20-sticha, serie singula verticali 4—6-foveata, bracteis e basi lata cuspidatis puberis, bracteolis modice exsertis ellipticis oblique acutis.

Cette espèce, semblable au *C. equisetifolia*, s'en distingue par le nombre constamment plus grand des dents des gaînes, et en général par son port plus robuste, des ramilles plus épaisses, rapport sous lequel elle se rapproche du *C. stricta* AIT.

J'ai réuni dans le Prodrome de DECANDOLLE deux formes sous lesquelles elle se présente ordinairement, auparavant considérées comme spécifiquement distinctes:

α *tenuior l. c. C. montana* MIQ. *in* ZOLL. *Syst. Verz. l. c. Fl. Ind. bat.* I. 1, *p.* 875. — Fere *C. equisetifoliae* habitu, ramulis tenuioribus.

β *validior l. c. C. Junghuhniana* MIQ. *in Pl. Jungh.* I. *p.* 7. *Fl. l. c. p.* 874; ramulis crassioribus, habitu robustiore *C. strictam* fere referens. Amenta florentia ½—1 centim. longa, matura 1¼ aequantia, vulgo 20-sticha. Ramuli 2—3-decimetrales, vaginis tumidulis.

Le *C. montana* est déjà mentionné dans le *Herbarium Amboinense* de RUMPHIUS *vol.* III. *p.* 88, où il parle d'une sorte d'arbre à Casuaire à tronc épais, croissant dans l'île de Java sur les montagnes; mais l'espèce qu'il désigne comme espèce plus proprement monticole à Amboine, est celle que j'ai nommée *C. Rumphiana*.

Notre espèce joue un rôle important dans la végétation des volcans élevés de *la partie orientale de Java*, où on en trouve des exemplaires de la hauteur de 80 pieds. JUNGHUHN la rencontra sur le mont Oungarang entre 3000 à 5000 pieds, sur la cime du Kawi et sur le Wonosari; ZOLLINGER a trouvé la même espèce sur la montagne de Waliran entre 4000 à 10,000 pieds. „Arbor vasta — dit-il — in orientalibus Javae regionibus frequens." C'est un fait remarquable, signalé par JUNGHUHN, que cet arbre dont les graines sont si facilement disséminées, ait sa limite géographique dans le centre même de l'île et qu'il manque totalement dans la partie occidentale. Dans la direction de l'ouest vers l'est on la rencontre premièrement sur la montagne Lawou et de là vers l'est elle couvre les cimes de toutes les montagnes qui s'élèvent au-dessus de 4500 pieds, mais au dessous de cette limite elle disparaît. En général elle se trouve dans la plus grande abondance entre 5500 et 5600 pieds, dans la plupart des montagnes; on la voit encore jusqu'à 8000, et même jusqu'à 9500 pieds; p. ex sur les monts Lawou, Ajang et autres. Dans la physionomie de la végétation elle rappelle au voyageur l'aspect des forêts de Conifères des zones boréales et tempérées de l'Europe, et le vent soufflant à travers ces „forêts de Tjemoro" fait un bruit singulièrement sifflant, connu déjà à RUMPHIUS, qui appelait ces arbres „fluitboom" (arbres à sifflets).

EXPLICATION DE LA PLANCHE VII.

Fig. 1. branche de la variété *validior* avec des cônes non encore mûrs; 2. branche de la variété *tenuior* avec des châtons mûrs, grandeur naturelle; 3. sommet d'une ramille; 4. gaîne, grossie; 5. châton fem. de la variété *a*, grandeur naturelle; 6. le même, deux fois grossi; 7. bractée et bractéoles mûres ouvertes, grossies; 8. graine, grandeur naturelle; 9. 5 fois grossie.

CASUARINA SUMATRANA JUNGH. — Pl. VIII. Fig. A.

MIQ. *Flora Ind. bat.* I. 1, p. 873. DECAND. *Prodr. l. c. p.* 841.

Cette espèce très remarquable, découverte par feu M. JUNGHUHN, décrite en premier lieu par DE VRIESE, était probablement déjà connue à RUMPHIUS, qui avait reçu de l'île de Celébes un fruit d'une espèce de *Casuarina*, ressemblant parfaitement à cette espèce (*Casuarinae celebicae fructus: Herb. Amb.* III. *tab.* 58, *fig.* A). DE VRIESE a publié d'après les échantillons de JUNGHUHN une planche de cette espèce (*Pluntae Novae Ind. or.* I. *tab.* I) mais le cône mûr n'étant pas bien représenté, j'ai ajouté sur la Pl. VII une figure d'après les échantillons rapportés de l'île de Sumatra par DE VRIESE lui-même.

Le *C. sumatrana* est un des types caractéristiques dans la végétation de l'île de *Sumatra*, y remplaçant le *C. montana*, toutefois avec cette différence qu'il n'y habite pas des hauteurs aussi élevées. JUNGHUHN l'a rencontré dans la partie septentrionale de cette île, dans la province de Battak, sur les plaines élevées de Silahan et Toba, situées de 4000 à 5000 pieds de hauteur, où il est nommé dans l'idiome battak Andour Mangan. Il fut trouvé par TEYSMANN dans les provinces situées vers l'ouest, dans les régions de Sipirok, Sinkara et Paya Kombo, où les indigènes le nomment „Marabout" ou „Tjoumara" ou „Pitougoung pipi"; on y plante aussi cet arbre le long des chaussées et des routes publiques. KORTHALS a trouvé la même espèce sur le mont Pamatton, dans le partie méridionale de l'île de *Bornéo*. Si la relation de RUMPHIUS, citée plus haut, est juste, la même espèce serait aussi indigène dans l'île de *Celébes* et à *Céram*.

EXPLICATION DE LA PLANCHE VIII, fig. A.

Fig. A. Cône mûr de grandeur naturelle, avec une bractéole.

CASUARINA RUMPHIANA MIQ. — Pl. VIII.

DECAND. *Prodr. l. c. p.* 341. *C. montana* RUMPH. *Herb. Amb.* III. *p.* 87 *partim, tab.* 58, *excl. fig.* A.

Cette espèce, que j'ai publiée dans le Gazette botanique de Ratisbonne, est bien voisine du *C. nodiflora* avec lequel elle a beaucoup d'affinité par la structure des cônes, par les gaînes quadridentées (et sous ce rapport aussi avec la précédente espèce), mais les ramuscules allongées et très minces, les entrenoeuds plus longs et la grandeur des cônes plus considérable offrent des caractères assez prononcés pour la distinguer du *nodiflora*. Elle croît dans l'île *Amboine*, d'où elle fut récemment rapportée par TEYSMANN et DE VRIESE.

EXPLICATION DE LA PLANCHE VIII.

Fig. 1. branche fructifère de grandeur naturelle; 2. partie d'une ramuscule bifurquée, un peu grossie; 3. gaîne, grossie; 4. cône mûr, deux fois grossi; 5. bractéole de grandeur nat.; 6. la même deux fois grossie.

SALICINÉES.

SALIX LINN.

1. SALIX TETRASPERMA ROXB., ANDERSS. *in* DC. *Prodr.* XVI. *p.* 192. *Monogr. Sal. p.* 1, *fig.* 1, MIQ. *Fl. Ind. bat.* I. 2, *p.* 460. BL. *Bijdr. p.* 517 (*partim*). *S. Horsfieldiana* MIQ. *Fl. Suppl.* I. *p.* 187, 474.

Sumatra: KORTHALS (feuilles à la base obtuses ou aiguës, lancéolées, insensiblement acuminées, 15 centim. de long, 2¾ de large); TEYSMANN trouva dans la même île au bord du Lac Singkara des échantillons semblables à ceux du Bengale, à feuilles elliptiques très luisantes, nommés par les habitants „Kapeh Kapeh."

Java: BLUME, JUNGHUHN, entre autres près de Batavia.

Forma Horsfieldiana ANDERSS. *Monogr. p.* 3. DC. *Prodr. l. c. p.* 193. *Salix Horsfieldiana* MIQ. *Flor.* I. 2, *p.* 161. *S. tetrasperma Suppl.* I. *p.* 187 *et* 474.

Forme un peu différente, découverte à *Java* sur le mont Oungarang par HORSFIELD, à laquelle je rapporte aussi des échantillons rencontrés par TEYSMANN dans l'île de *Sumatra*, inscrits Tandsing Ampalo et nourissant une espèce de Coccus laccifère; les feuilles ont 16 centim. de long, 4 de large.

2. SALIX TETRASPERMA, *var. sumatrana* ANDERSS. *in litt. S. sumatrana* MIQ. *Flor. Ind. bat. Suppl.* I. *p.* 187 *et* 474.

Cette variété diffère de la précédente et des autres espèces austro-asiatiques de la même section, par des feuilles étroites et finement serrulées, par la petitesse des capsules, rapport sous lequel elle se rapproche du *S. Junghuhniana*, mais les capsules sont glabres à la mâturité, brunâtres, tandis que le rhachis et les bractées persistantes sont comme enveloppés dans une villosité grisâtre persistante. Les châtons mûrs du *S. tetrasperma* ordinaire sont au contraire entièrement glabres. C'est sur l'autorité de mon ami M. ANDERSSON, qui a examiné nos échantillons, que j'ai rapporté cette espèce au *S. tetrasperma*. A la diagnose que j'ai publiée il faut ajouter ce qui suit: branches cylindriques brunâtres opaques, pétioles 1½ à 2 centim. de long, pubescents; feuilles 8—10 centim. de longueur, 2 à presque 3 centim. de largeur, rappelant l'aspect de la variété *japonica* du *S. babylonica*, munies aux bords de serratures rapprochées, fines, aiguës plus ou moins apprimées, à l'état adulte en dessus glabres, dessous pâles blanchâtres plus ou moins glauques, montrant sous la loupe une pubescence très-fine accombante, et sur les deux pages, surtout la supérieure des veines patentes et reticulées. — Les pédoncules des châtons féminins d'une longueur de ¾ à 1½ centim. sont munis à la base de 2 à 3 folioles lanceolées qui ne manquent que très rarement. Les châtons mûrs 4 à 7 centim. de long, droits, à rhachis toute recouverte d'une villosité dense pas accombante, grisâtre, tirant un peu vers le bleuâtre, d'un aspect plumeux. Bractées persistantes couvertes d'une villosité semblable. Pédicelles jeunes couverts d'un duvet blanc, adultes glabres environ de la longueur des capsules ou un peu plus courts, surpassant un peu la bractée. Capsules coniques, pointues, surmontées d'un style court, avec celui-ci 2½—3 millim. de longueur, d'une couleur brunâtre, presque noirâtres, glabres, mais vues sous la loupe comme ponctuées par des stries très courtes presque ovales blanches, comme par des poils apprimés. Style à la base simple ou bifide, avec deux stigmates concaves comme bilobulés, ainsi qu'on l'observe aussi dans la variété *Horsfieldiana* du *S. tetrasperma*, et plus ou moins dans toutes les formes de cette espèce. Mais le style dans notre variété est toujours plus court que dans l'espèce même. Le nectaire, au moins quatre fois plus court que le pédicelle, est oblique et glabre.

Sumatra occidental: KORTHALS; aussi dans les prov. de Loubou Alang et Priaman, où elle fut découverte par feu M. DIEPENHORST. Elle est appelée „Dalou Dalou" par les habitants.

3. SALIX UROPHYLLA LINDL., ANDERSS. *Monogr. p.* 5. DC. *Prodr. l. c. p.* 192. *Salix Zollingeri* MIQ. *in* ZOLL. *Syst. Verz. et Fl.* I. 2, *p.* 462 (Zollingeriana).

Les jeunes parties, branches et feuilles sont recouvertes d'une villosité épaisse; les feuilles encore très jeunes ont aux bords quelques denticules rares et fort petites.

Java, sur les bords de la rivière Pratjitan, dans la prov. de Madoura (avec des châtons mâles précoces) où elle est appelée „Kajou anjang"; dans la langue javanaise elle se nomme „Ki djôsô." Elle est voisine du *S. tetrasperma*, mais en diffère entre autres par un plus grand nombre d'étamines.

4. SALIX JUNGHUHNIANA ANDERSSON *mss. S. tetrasperma var. javana* AND. *Monogr. p.* 13.

A cette espèce, que le celèbre Salicographe a décrite dans sa Monographie d'après une plante mâle, il rapporte dans notre herbier des échantillons féminins, et leur examen l'a encore de plus convaincu qu'elle représente une bonne espèce; il dit à ce sujet: „Inter *S. tetraspermam* et *S. populifoliam* prorsus media, a priori capsulis minimis et pubescentibus, a posteriori capsulis ovato-conicis stylo apiculatis bene distincta." L'écorce des branches est d'une couleur brunâtre et légèrement ruguleuse, les pulvines des pétioles prominents; les jeunes pousses recouvertes d'une pubescence grise, surtout sur les ramules encore herbacées et sur les pétioles et les feuilles en dessous; les jeunes feuilles offrent aussi en-dessus une pubescence très-fine, que les adultes ont entièrement perdue, celles-ci en dessous ne sont que legèrement pubescentes, d'une forme ovée-lancéolée, aiguës ou acuminées; à l'état jeune à bords presque entiers, à l'état adulte obscurément et irrégulièrement serrulées-crénées, luisantes en-dessus, offrant aux deux pages des veines patentes assez nombreuses, et des veinules réticulées très fines, 12 centim. de long, $3\frac{1}{2}$ de large, avec un pétiole de 3 centim. Les châtons féminins naissant avec les feuilles, soupportés par des pédoncules paucifoliés de 2—3 centim. de long, eux-mêmes environ 8 centim. en longueur, droits, avec leur pédoncule recouverts d'une villosité blanchâtre; fleurs médiocrement rapprochées; bractées persistantes ovées-triangulaires presque lanceolées herbacées, d'une villosité dense; capsules non encore tout-à-fait mûres pédicellées coniques-ovoides verdâtres, excepté le sommet, pubescentes, $2\frac{1}{2}$ mill. de long, surmontées d'un style, un peu plus longues que le pédicelle. Nectaire court. — Il n'y a pas de doute qu'elle ne soit différente du *S. tetrasperma var. Horsfieldiana*, avec laquelle l'auteur l'avait comparée dans sa Monographie.

Java, sur le versant boréal du mont Oungarang, à 3—4000 pieds de hauteur, entre les mois d'Avril à Juin: JUNGHUHN. Nom javanais: „Assang."

5. SALIX BABYLONICA LINN., ANDERSS. *Monogr. p.* 50, *fig.* 32. DC. *Prodr. l. c. p.* 214.

Cette espèce, découverte aussi à *Java* (comme plante véritablement indigène?), y produit des feuilles étroites, p. ex. 6—8 centim. de long, 1—½ de large, comme le type de l'espèce; mais quelques échantillons de la même espèce, cultivés à Buitenzorg et provenant du Japon, offrent les caractères du *S. babylonica var. japonica* (*S. japonica* TH.); les feuilles sont plus larges et en dessous pâles, blanchâtres ou glauques.

Java: BLUME (qui l'a confondu avec la *S. tetrasperma*), sur le mont Diëng et près de Batavia: JUNGHUHN. Nom javanais: „Tjemeten."

CRUCIFÈRES.

NASTURTIUM R. BROWN.

1. NASTURTIUM OFFICINALE R. BR., MIQ. *Flor. Ind. bat.* I. 2, *p.* 93.

Java, dans les marais du mont Diëng, où JUNGHUHN le trouva en fleurs au printemps. ZOLLINGER dit qu'il croît abondamment sur les montagnes de Java (*Nat. en Gen. Archief Néerl. Ind.* II. *p.* 530).

2. NASTURTIUM DIFFUSUM DC., MIQ. *l. c. p.* 94 *excl. syn. N. heterophylli* BL. *Nasturtium montanum* WALLICH, BENTH. *Fl. Hongk. p.* 16. MIQ. *Annal. Mus. bot. L. B.* II. *p.* 71. *N. palustre herb. L. B. Nasturtium indicum* BL. *Bijdr. p.* 50 *partim. Sisymbrium Sinapis* BURM. *Fl. Ind. p.* 140. *Cardamine heterophylla* DECAISNE *in Herb. Jungh.*

Cette espèce, décrite en peu de mots par DECANDOLLE, paraît être plus voisine du *N. benghalense* que du *N. indicum*. Quoique différente des deux et aussi du *N. palustre* par ses siliques plus allongées, graciles et droites, et répandue dans toute l'Asie australe, elle nous offre tant de formes différentes quant à sa stature et à la forme des feuilles et des siliques qu'on pourrait être disposé à considérer toutes ces espèces comme des variétés tropiques, des formes géographiques du *N. palustre*. Je n'ose pas affirmer que ce soit une plante annuelle, comme nous l'assure WALLICH. Les pétales, que j'ai trouvées dans tous nos échantillons, ont la longueur du calice. Du reste elle se montre ou d'une stature raccourcie et non ramifiée ou elle atteint un pied de hauteur, diversement ramifiée; feuilles elliptiques ou oblongues, très-entières ou légèrement serrées, ou, surtout les inférieures, lyrato-pinnatifides. Racèmes dépourvus de bractées, à siliques patentes droites ou très rarement légèrement courbées, graciles, cylindriques, rostellées du style court persistant, longues de 2 à 2⅔ centim., souportées par des pédicelles de 5 à 8 millim. de long.

Le *Nasturtium diffusum* paraît être répandu dans l'Archipel entier. Zippelius le recueillit dans l'île de *Java* près de Toukai, Junghuhn sur les monts Magelan, Oungarang à 3—4000 pieds de hauteur, sur le Tankouban-Praou, où les indigènes l'appellent „Pakou," et Forsten assure que cette herbe sert de légume aux Javanais. — Korthals en a rapporté de *Sumatra* une forme à feuilles entières, indivisées. — A *Celèbes* il fut observé par Forsten dans les champs de riz et j'ai vu dans son herbier de grands échantillons très-ramifiés provenant de la province Gorontalo de cette île. Nous l'avons de *Timor* dans les collections de Spanoghe et Zippelius, mais un peu différent par les feuilles elliptiques, très-entières ou munies à la base de quelques lobules, conservé dans l'herbier sous le nom erroné de *Sinapis timoriana* DC.

3. Nasturtium indicum DC., Bl. *Bijdr. p.* 50. Miq. *l. c. p.* 93. *N. palustre* Bl. *l. c. excl. syn.* DC.

Dans l'herbier de Blume il ne s'en trouve qu'un seul échantillon, bien référable à cette espèce à cause des siliques courtes, longues de 1½ centim.; les feuilles sont ordinairement spathulées-oblongues. Trouvé près de Buitenzorg à *Java*.

4. Nasturtium heterophyllum Bl. — Pl. IX.

Bl. *Bijdr. p.* 50. *Cardamine indica* Burm. *Fl. Ind. p.* 140. DC. *Prodr.* I. *p.* 149.

Quoique je n'aie pas vu l'échantillon authentique de Burmann, examiné par Decandolle, je suis assez convaincu que le synonyme cité appartient à cette espèce. Commune, à ce qu'il paraît, à Java et répandue jusqu'aux îles Moluques, elle laisse cependant quelques doutes par rapport au genre, auquel elle doit être associée. Decandolle, suivant Burmann, l'a placée parmi les espèces de *Cardamine*, avec lesquelles elle convient par son port, mais en jugeant d'après l'organisation des fleurs, je préférerais plutôt lui assigner sa place dans la section *Clandestinaria* de *Nasturtium*, surtout aussi à raison des siliques à valves trinervulées et à graines unisériées. Herbe annuelle, ramifiée depuis la base, d'un port gracile, à branches feuillées florifères au sommet, de grandeur différente, d'un doigt jusqu'à la hauteur d'un pied; feuilles petites ou grandes, qui rarement ont toutes la même forme dans le même individu. La plante entière est glabre, à l'état desséché d'un vert clair. Racine petite, composée de fibrilles minces; tiges et branches anguleuses, celles-ci plus ou moins décombantes dans les plantes luxuriantes et poussant parfois des racines dressées dans les petits exemplaires. Les feuilles inférieures sont soupportées par des pétioles allongés, plus raccourcis dans les supérieures; quelle que soit leur forme, elles sont au bord crénelées, denticulées, les unes ovées-arrondies, d'autres, surtout les inféreures, lyrato-pinnatifides vers la base avec une ou deux paires de lobules, étroites en comparaison avec la partie supérieure indivisée; les feuilles entières ont 2½ à 8 centimètres de long, rarement on en trouve de plus grandes. Les racèmes solitaires terminant les branches, sans pédoncule propre et dépourvus de bractées; fleurs courtement pédicellées, après la floraison plus distantes, blanchâtres, apétales. Sépales d'un vert pâle dans le bouton, blanchâtres (à en juger d'après les échantillons d'herbier) dans la fleur, tendres, presque lancéolées, legèrement concaves, à la base égales. Les pétales manquent dans les échantillons que j'ai examinés. Étamines 6, surpassant légèrement les sépales, à filaments cylindriques filiformes, d'une longueur presque égale; anthères étroitement lancéolées, au sommet un peu obtuses, à la base légèrement échancrées, pendant la floraison situées à la hauteur de l'ovaire. Stigmate sessile un peu applati, entier. Les siliques, soupportées par des pédicelles de 4—8 millim., sont patentes, droites, minces, rigides, presque cylindriques, seulement très-légèrement comprimées au dos, rostellées au sommet, 2—2½ centim. en longueur, à valves convexes parcourues irrégulièrement de 3 nervules obscures, d'une couleur verdâtre; dissepiment très mince, transparent, blanc; logettes polyspermes, à graines unisériées contiguës, attachées par des funicules courts subulés libres; elles sont d'une forme elliptique-globuleuse, à la base inégalement échancrées, très obscurément bisulquées, brunâtres et opaques, vues par la loupe d'une surface un peu inégale avec des ponctuations élevées; cotylédones applaties, radicule cylindrique accombante.

Croît à *Java* dans des contrées incultes, p. ex. près de Buitenzorg, où elle fut recueillie par REINWARDT (qui l'a nommée Sisymbrium indicum), par BLUME et ZIPPELIUS; elle fut rencontrée par JUNGHUHN sur le mont Oungarang à 3—4000 pieds de hauteur; les indigènes de cette région lui donnent le nom de Pampaän. Une forme plus petite, dont presque toutes les feuilles sont indivisées, fut rencontrée par ZIPPELIUS dans l'île d'*Amboine*.

EXPLICATION DE LA PLANCHE IX.

Fig. 1. deux plantes de grandeur naturelle; 2. fleur, grossie; 3. sépales, de côté et en face 4. étamines et pistil, grossis; 5. pistil; 6. silique mûre, gr. nat.; 7. la même vue du dos, grossie; 8 le dissépiment avec les graines et des funicules, grossi; 9. graine fortement grossie; 10. section transversale.

CARDAMINE LINN.

1. CARDAMINE HIRSUTA LINN., BENTH. et MUELL. *Flor. Austral.* I. *p.* 70.

La plupart de nos échantillons appartiennent à la forme très-poilue, à feuilles plus grandes, avec des lobes souvent trilobulés, se rapprochant par son port du *C. impatiens*. JUNGHUHN en rencontra sur le mont Dieng à *Java*, où les indigènes l'appellent Pakissan, des échantillons entièrement semblables à ceux rapportés du Sikkim Himalaya. Cependant nous avons aussi de Java des exemplaires plus maigres, moins poilus, dont toutes les feuilles offrent des lobes elliptiques, ni les supérieures comme p. ex. en Europe des lobes linéaires et qui outre cette particularité s'approchent par ses pédicelles fructifères légèrement patentes du *C. sylvatica*. Les échantillons recueillis par le docteur FORSTEN dans les champs de riz secs près de Tondano dans l'île de *Célébes*, m'ont paru un peu douteux à cause de leur état défectueux.

Observ. Le *Nasturtium obliquum* ZOLLINGER *in Nat. en Geneesk. Archief v. Neérl. Indië* II. p. 530, MIQ. *l. c. p.* 685, trouvé sur les montagnes de Java oriental à 7000 pieds, me paraît plutôt une espèce de *Cardamine*, voisine de la précédente. Je n'en ai pas vu d'échantillons.

2. CARDAMINE JAVANICA MIQ. — Pl. X, *fig.* A.

Pteroneurum javanicum BL., MIQ. *Flor. Ind. bat.* I. 2, *p.* 95.

Herbe probablement annuelle, ramifiée ordinairement dès la base, $\frac{1}{2}$ à 1 pied de haut, à tiges glabres; pétioles de $2\frac{1}{2}$—5 centim.; feuilles ternatées, c'est-à-dire feuillets ordinairement trois (très rarement encore munies inférieurement d'un feuillet accessoire), portant avec leurs pétiolules des poils courts étroitement coniques, au-dessous pâles d'un aspect blanchâtre, membraneux, ovés ou ovés-oblongues ou presque triangulaires, ordinairement terminés par une pointe presque lancéolée entière, parfois obtuses, du reste grossièrement dentés-serrés ou, et alors non grossièrement, crénés-serrés, à serratures quelquefois doublées; le feuillet terminal (à base un peu cunéiforme) est plus longuement pétiolulé que les latéraux (à base plus ou moins oblique) dont les pétiolules sont fort raccourcis dans quelques échantillons. La longueur des feuillets varie de 2—à $6\frac{1}{2}$ centimètres. Racèmes terminaux pédonculés, dépourvus de bractées; les siliques dressées (les pédicelles ont 7—14 millim. de longueur) sont linéaires légèrement comprimées, de la base vers le sommet un peu angustées, rostellées d'un style très court, 4—$4\frac{1}{2}$ centim. de longueur, avec 7—8 graines unisériées dans chaque logette, attachées par des funicules comprimés en partie soudés avec le placenta qui en conséquence se montre comme ailé; septum membraneux.

Java, près de Pondok Tengé et sur le mont Patoua: REINWARDT; sur le mont Gedé et dans les environs de Tjipannas: BLUME (forme à feuillets latéraux plus grands, à la base inégale comme subcordés). KORTHALS a rapporté des échantillons de la partie occidentale de *Sumatra*. — Cette espèce quoique très distincte doit encore être comparée avec le *C. borbonica* PERS., avec laquelle elle offre des rapports intimes, à en juger d'après la diagnose.

EXPLICATION DE LA PLANCHE X, *fig.* A.

Fig. 1. Plante entière en fruit, grandeur naturelle; 2. fleur, grossie; 3. sépale; 4. pétale, grossies; 5. silique, gr. nat.; 6. dissepiment avec des graines, grossi; 7. graine, fortement grossie; 8. coupée transversalement.

3. CARDAMINE DECURRENS ZOLL. et MORITZ. — Pl. X, *fig.* B.

MIQ. *Flor. l. c. p.* 94. *Pteroneurum decurrens* BL. *Bijdr. p.* 51.

Nous ne possédons qu'un seul échantillon authentique de cette espèce dans l'herbier de BLUME, et je n'ai pas vu celui de ZOLLINGER. Cependant l'espèce paraît être bien distincte. Tige allongée, plus d'un pied de longueur, ramifiée, à branches distantes, glabres, feuillées. Les feuilles soupportées par des pétioles longues (les inférieures de $5\frac{1}{2}$ centim.) impari-pinnatisectées; feuillets ou segments en deux paires, pétiolulés, les supérieurs et le terminal ordinairement plus grands, arrondis, crénés ou obtusement crénés, le terminal à la base cunéiforme comme décurrent dans le pétiole commun, d'un vert foncé en dessus, pâles en dessous, glabres, mais vus par la loupe très finement ciliolés aux bords, $1\frac{1}{2}$—$2\frac{1}{2}$ centim. de longueur, rappelant en quelque sorte la figure du *C. hirsuta* et du *C. impatiens*; les pétioles ne sont que très faiblement dilatés à la base comme dans le *C. hirsuta*, ni munis d'auricules comme dans le *C. impatiens*. Du reste les feuillets ont la même forme dans les différentes hauteurs de la plante. Racèmes dépourvus de bractées, à siliques patentes distantes droites étroitement linéaires, soupportées par des pédicelles de 1—$1\frac{1}{2}$ centim. de longueur, elles-mêmes de $1\frac{3}{4}$—$2\frac{1}{3}$ centim., plus de deux fois plus épaisses que leur style persistant; graines unisériées, environ 13 dans chaque logette.

Java, dans les marais des montagnes: BLUME.

EXPLICATION DE LA PLANCHE X, *fig.* B.

Fig. B. Branche feuillée de grandeur naturelle.

ERYSIMUM LINN.

1. ERYSIMUM REPANDUM LINN.? DC. *Prodr. I. p. 198.*

Nous en conservons deux échantillons recueillis dans l'île de *Java*, mais sans autres renseignements; ils diffèrent de ceux qui ont été rapportés par HOOKER et THOMSON de l'Himalaya, par leur stature plus grande, et se montrent plus semblables à d'autres provenant de l'Italie, mais les feuilles des nôtres sont plus longuement pétiolées et plus grossièrement serrées.

SINAPIS LINN.

1. SINAPIS TIMORIANA DC., MIQ. *Flor. l. c. p. 94.*

Les feuilles soupportées par des pétioles graciles sont étroites lancéolées-oblongues glabres, vers le sommet serrées, à serratures aiguës. Siliques plus ou moins patentes semidressées, $2\frac{1}{4}$ centimètres de longueur, à valves obscurément réticulées, rostellées par le style persistant qui a 7 mm. de longueur comme les pédicelles. Les échantillons rapportés de Célébes diffèrent de ceux du Timor par la stature plus élancée, plus robuste, sa ramification plus développée et le style persistant plus allongé. — *Célébes*, dans la prov. de Tondano: FORSTEN. Elle se trouve dans l'herbier de REINWARDT sous le nom de *S. laevigata,* sans origine mentionnée.

Observation. Dans la collection de feu DE VRIESE j'ai trouvé le *Cochlearia officinalis,* sans doute cultivé et problablement recueilli dans le Jardin de Buitenzorg. D'après le Catalogue de ce jardin on le cultive sur le mont Pangerango.

CAPPARIDÉES.

GYNANDROPSIS DC.

1. GYNANDROPSIS PENTAPHYLLA DC., MIQ. *Fl. Ind. bat. I. 2, p. 96.*

JUNGHUHN nous a laissé une description d'après le vivant: » Pedunculi basi folio florali 3-foliolato suffulti; calyx 4-sepalus, sepala lanceolata; petala 4 obovata, ungui longo filiformi, (2 minora); stamina 6, duo longiora, filiformia elongata, cum siliqua pedicello suo florem longe superante suffulta diu persistentia. Siliqua elongata teres pedicello proprio (toro) instructa, stigmate convexo, marginibus reflexo, medio rima transversa instructo coronata."

Java, près de Warou: VAN HASSELT, Weltevreden, Djocjokarta, T. anjor, Magelang: JUNGHUHN, Batavia: SPANOGHE (fleurs blanches, tiges et pédoncules pourprés); Soumanap: KORTHALS. — *Banda*.

<small>*Observ. Cleome surinamensis* MIQ. ad formas *C. aculeatae* LINN. reducenda. *Cl. Hostmanni* MIQ. non nisi thecaphoro longiore a *Cl. latifolia* VAHL diversa pro eius varietate habenda. (HOSTMANN *herb. n.* 118).</small>

POLANISIA RAFIN.

1. POLANISIA VISCOSA DC., MIQ. *l. c. p.* 97. BENTH. et MUELL. *Flor. Austral.* I. *p.* 90. Caulis in siccis vulgo obtuso-trigonus.

Cette espèce paraît généralement répandue dans l'Archipel Indien. *Java*: BL., VAN HASSELT près de Tanjong, etc. — *Sumatra occid.*: KORTHALS, dans la province de Palembang: PRAETORIUS. *Célèbes* en Menado: FORSTEN. *Timor* (forma parva: *P. decandra* ZIPP.): ZIPPELIUS, qui dit les fleurs d'une couleur jaune d'or.

2. POLANISIA ANGULATA DC., MIQ. *l. c.*

Espèce très voisine de la précédente; tiges presque tetragones; feuillets souvent 7, plus étroits presque lancéolés; étamines plus nombreuses.

Java, dans la province de Samarang: WAITZ et JUNGHUHN. — *Sumatra* en Palembang (5—6 à peine 7 feuillets): PRAETORIUS.

CRATAEVA LINN.

1. CRATAEVA NURVALA HAMILT., WIGHT. et ARN. *Prodr.* I. *p.* 23. *Cr. religiosa* BL. *Bijdr. p.* 54 *non* FORST. *Cr. magna* HASSK. *Cat. bog.*, MIQ. *l. c. p.* 102, *Suppl.* I. *p.* 158, *vix* DC.

Feuillets glauques en dessous, comme lineés des veines latérales, plus ou moins lancéolés, subacuminés; racèmes amples; fleurs grandes; étamines surpassant les pétales. — Les échantillons, provenant de l'Archipel Indier sont généralement plus grands et plus luxuriants que ceux du continent.

Java, sur le mont Salak: BL., près de Tjilankahan „arbor grandis": VAN HASSELT. — *Sumatra occidental:* KORTHALS. — Pour les autres localités de cette espèce, probablement très répandue et de celles des espèces suivantes voy. ma Flore.

2. CRATAEVA TUMULORUM MIQ. — Pl. XI.

Cr. Tapia BL. *Bijdrag. p.* 54. MIQ. *Flor. l. c., non alior.*

Cette espèce est caractérisée et différente de la précédente par les feuillets ovés ou ovés-oblongs un peu brusquement acuminés, en dessous ni glauques ni lineés, par les fleurs plus petites, les pétales avec leur ongle de 2 centimètres de longueur, suborbiculées, étamines environ au nombre de 20, surpassant légèrement les pétales. — *Java.*

EXPLICATION DE LA PLANCHE XI.

Fig. 1. Branche feuillée fructifère; 2. fruit, grandeur naturelle; 3. section transversale; 4. graine, grossie.

Observ. Cr. acuminata *m.* (non DC.) e Surinamo est *Cr. gynandra* LINN.; Cr. n. 691. Herb. HOSTM. est vera *Cr. Tapia* LINN.

3. CRATAEVA MEMBRANIFOLIA MIQ. *Fl. Suppl.* I. *p.* 158 *et* 387.

À cette espèce appartiennent probablement les échantillons que KORTHALS a rapportés (*Cr. Brownii* Ks. *mss*) de la prov. Banjermassing de l'île de *Bornéo* et d'autres recueillis par ZIPPELIUS (de *Timor* ou de la *Nouvelle-Guinée*), avec des feuilles comme dans ceux de *Sumatra* (qui forment le type de l'espèce) mais pas aussi minces; seulement les fleurs sont un peu plus grandes, étamines 15, surpassant de beaucoup les pétales; celles-ci très inégales, 2 plus grandes elliptiques, de 5 centimètres de longueur, deux fois plus grandes que les autres.

CADABA FORSK.

1. CADABA CAPPAROIDES DC., MIQ. *Fl. Ind. bat.* I. 2, *p* 97. BENTH. et MUELL. *Fl. Austr.* I. *p* 92. DE LESS. *Icon. Select.* III. *p.* 5, *tab.* IX.

Dans nos échantillons les feuilles sont ordinairement laté-ovées, terminées d'une pointe obtuse, les jeunes sur les deux pages, les adultes sur l'inférieure pubescentes, dans les échantillons recueillis par Perrottet dans l'île de Java légèrement puberulentes en dessous et aiguës au sommet; dans ceux de Timor (*Stroemia ovalifolia* ZIPP. *mss.*) les feuilles sont plus larges, d'une texture plus mince. Les exemplaires de Bali nous offrent: des ramules presque cylindriques; épines stipulaires petites, coniques, droites ou légèrement courbées, à la base tomenteuses; les jeunes ramules, les fenilles naissantes (surtout à la page inférieure), les pédoncules, les sépales et pétales (extérieurement) et l'ovaire sont recouverts d'une villosité blanchâtre, composée de poils tendres quelquefois substellés. Pétioles 3—8 millim. de longueur. Feuilles ovaté-elliptiques ou oblongues, obtuses ou aiguës à la base, terminées d'un sommet subacuminé, obtuse, légèrement échancré et submucroné, d'une texture coriace, à l'âge adulte presque glabres, pourvues à chaque côté de 6—8 veines latérales (costules) ascendantes-patentes, légèrement prominentes en dessous, 5—9 centim. de longueur, $2\frac{1}{4}$—$3\frac{1}{2}$ de large. Pédoncules axillaires naissant d'un tubercule légèrement épineux, fasciculés, ou rarement solitaires et alors sortant directement de l'aisselle, $1\frac{1}{4}$ centim. de longueur; quelquefois le tubercule s'allonge et forme une ramule paucifoliée qui porte vers la base des pédoncules simples on rarement bifides. Sépales arrondies concaves, intérieurement glabres, 6 à 7 mill. de longueur. Pétales spatulées-obovées, presque 1 centim. de long. Étamines nombreuses; ovaire ovoide; gynophore après la floraison presque 2 centim. de longueur, rigide, très-laineux. Fruit 7—8 centimètres de longueur.

Java, où Perrottet l'a déjà trouvée en 1819. *Bali:* TEYSMANN (les indigènes lui donnent le nom de Bongol bongol). *Timor:* ZIPPELIUS. Dans la même île SPANOGHE en a découvert une forme à feuilles plus larges (*latifolia*). — Dans la diagnose, établie d'après le vivant par l'infatigable ZIPPELIUS, je trouve entre autres: „bracteae lineari-subulatae flexuosae; flores pentandri (?), albi; siliquae torulosae arcuatae; calyx caducus nervosus; sepala 2 minora." — Elle croît aussi dans le Nord de la *Nouvelle-Hollande*.

Le Cadaba indica LAM. n'a pas encore été rencontré que je sache dans l'Archipel Indien, ni aucune espèce du genre Niebuhria DC.

CAPPARIS LINN.

§ 1. *Eucapparis*. Sepala exteriora inter se non connata, valvata vel leviter imbricata.

a. Pedunculi terminales vel in apice ramulorum simul axillares, singuli apice umbellatim vel corymbose floriferi.

1. CAPPARIS TYLOPHYLLA SPRENG., MIQ. *Fl. Ind. bat.* I. 2, p. 101. *Choix des Plantes cultivées dans le Jardin de Buitenzorg*, tab. 3.

Je n'ai que peu à ajouter à la description et à la planche que je viens de citer. D'après l'étiquette de l'échantillon authentique de BLUME, c'est un arbuste grimpant et ascendant. Branches subcylindriques, vers le sommet légèrement anguleuses. Épines stipulaires courtes coniques légèrement oncinées Pétioles $1\frac{1}{4}$—2 centimètres de longueur; feuilles elliptiques ou elliptiques-oblongues, obtuses à la base, au sommet obtuse mucronées (mucro épais), d'une texture épaisse coriace, munies de 7—8 veines latérales primaires (costules) à chaque côté, prominentes en dessous, et de quelques veinules rares et écartées, 19—20 centim. de long, 7 à 10 en largeur, excepté les suprêmes plus petites et sublancéolées. Pédoncules forts, 8 à 10 centim. de longueur, tant axillaires que disposés au sommet des branches aphylles en panicule, terminés eux-mêmes d'une ombelle ou d'un racème raccourcis ombelliforme, surpassant en longueur de beaucoup les pédicelles assez robustes. Boutons floraux de la grandeur d'une cerise.

Java, découvert par BLUME près de Romping. Cultivé dans le Jardin botanique de Buitenzorg.

2. CAPPARIS SALACCENSIS BL. — Pl. XII.

BL. *Bijdr.*, *l. c.* MIQ. *Flor. Ind. bat.* I. 2, *p.* 101.

Arbuste glabre; branches cylindriques, ramules anguleuses, presque droites; épines stipulaires courtes coniques, gonflées à la base, légèrement recourbées suboncinées; pétioles $\frac{1}{2}$—1 centim. de longueur; feuilles elliptiques-oblongues, au sommet aiguës ou subacuminées (mucro épais), aiguës ou obtuses à la base, d'une texture papyracée ou presque pergamacée, en dessus d'un vert foncé, plus pâles en dessous et parcourues de veines patentes tendres peu distinctes, 8—$9\frac{1}{2}$ centim. de longueur, $2\frac{1}{4}$—$3\frac{1}{4}$ de largeur, d'autres plus petites, surtout celles qui dans chaque ramule sont les inférieures, tandis que d'autres différent par leur forme plus lancéolée. Ombelles axillaires solitaires ou une terminale, soupportées par des pédoncules de $2\frac{1}{2}$—$3\frac{1}{4}$ centim. de longueur, 5—à 10-flores; pédicelles de la longueur du pédoncule ou un peu plus courts et généralement plus grêles. Boutons floraux ovés-globuleux petits. Calyce 4-sépale bisériale; sépales deux extérieures concaves elliptiques-arrondies, d'une couleur brunâtre à l'état sec, 5 à 6 mill. de longueur; les deux intérieures plus tendres, pâles, plus étroites, presque de la même longueur que celles-là. Pétales 4 blanches? tendres étroitement oblongues atténuées vers la base, vers le sommet irrégulièrement subdenticulées, vers la base et en face poilues. Étamines nombreuses bien saillantes. Gynophore au commencement de la floraison beaucoup plus court que les filaments, 10—14 mill. de longueur, gracile, vers le sommet légèrement épaissi, anguleux, glabre; ovaire ellipsoide uniloculaire à quatre placentaires pariétaux.

Java, dans les forêts du mont Salak: BL., KORTHALS, sur le mont Oungarang à 3—4000 pieds de hauteur: JUNGHUHN. Les indigènes l'appellent Iri Serissan. — Nous en avons aussi des échantillons rapportés du l'île de *Sumatra* par KORTHALS, mais douteux à cause des fleurs peu développées

Varietas celebica, foliis lanceolato-oblongis apice attenuato-acutis majoribus longioribus; gynophoro in fructu elongato pedunculum circiter aequante.

Au premier aspect elle paraît bien distincte, mais examinée de plus près, elle ne mérite pas d'être considérée comme espèce. Les ramules et les épines comme dans l'espèce. Feuilles plus longues et plus étroites, lancéolées-oblongues, aiguës à la base, jamais elliptiques, 13 cent. de longueur, 4 de largeur; veines primaires mieux dessinées que dans l'espèce. Gynophore fructifère gracile, 4¼ cent. de longueur; baies ovoides on presque sphériques, 2 à 3¼ centim. de diamètre, polyspermes, à 3? ou 4 placentaires.

Ile de *Célèbes*, entre les arbustes autour de Tondano, Juill. 1840: FORSTEN.

EXPLICATION DE LA PLANCHE XII.

A. Fig. 1. *C. salaccensis* de Java, en fleur, grandeur naturelle; 2. sepale extérieure; 3. pétale, grossie; 4. ovaire grossi; 5. coupé transversalement. — B. *Varietas celebica* en fruit, grandeur nat.

3. CAPPARIS HASSELTIANA MIQ. *n. sp.* — Pl. XIII.

Glabra; ramuli graciles; spinae breves uncinatae compressae; folia brevissime petiolata e basi acuta lanceolata pleraque longe saepe subfalcatim acuminata, venis costalibus teneris subobsoletis; pedunculi axillares et terminales subpaniculatim conferti, subumbellato- 2—6-flori, pedicellis gracillimis pedunculo toto brevioribus; alabastra parva globosa; sepala fere uti *C. salaccensis*; petala anguste obovato-oblonga villosula sepalis subaequalia; gynophorum staminibus numerosis multo brevius; ovarium placentis 4 parietalibus, duabus connatis nunc (an semper?) biloculare; bacca oligosperma.

Voisine du *C. salaccensis*, caractérisée par des ramules beaucoup plus graciles et plus anguleuses, des fleurs deux fois plus petites, l'inflorescence et les pédicelles plus tendres, par des épines comprimées, des feuilles plus étroites plus longues et acuminées. Je l'aurais prise pour le *C. lanceolaria* DC. *Prodr.* I. *p.* 248, mais le caractère des épines, »situées à la base des pédicelles" (si ce n'est une erreur d'observation) s'y oppose. — Ramules anguleuses presque trigones, un angle étant plus arrondi que les autres; épines courtes fort aiguës fortement oncinées, très-comprimées, de la ¼ longueur du pétiole; ceux-ci graciles 5—7 millim. de long; feuilles chartacées aux marges légèrement recourbées, avec des nervures comme le *C. salaccensis*, 8—10 centim. de long, 2 à 2¼ centim. de large. Pédoncules 4—5 centim. de long; pédicelles très graciles plus courts que leur pédoncule. Sur les fleurs je trouve dans l'étiquette de VAN HASSELT: calyce 4-phylle; pétales 5 [4?] villeuses; et dans une seconde étiquette: corolle 4-pétale villeuse tachetée de rouge; étamines nombreuses insérées sur un réceptacle glanduleux; anthères biloculaires; gynophore allongé [dans l'échautillon 6—10 mill.] ovaire ellipsoide; capsule biloculaire polysperme," dans une autre: "1—2-sperme, 2 centim. de long, un peu surpassant le gynophore, à chaire pourprée; embryon exalbuminé cochleariforme." Les sépales dans nos échantillons 6 millim. de long, obovées-oblongues glabres; pétales obovées-oblongues obtuses villeuses, de la même longueur que les sépales. Gynophore plus court que les étamines.

Java, près de Lebebounger, sur le mont Karang à 2—3000 pieds d'élévation, aux mois de Mars et d'Octobre: VAN HASSELT.

EXPLICATION DE LA PLANCHE XIII.

Fig. 1. Branche en fleur de grandeur naturelle, avec une feuille détachée vue en dessous; 2. fleur, grossie; 3. sépale extérieure; 4. pétale, vue en face; 5. étamines; 6. ovaire; 7. coupé transversalement. — Figures plus ou moins grossies.

4. CAPPARIS LANCEOLARIS DC., MIQ. *l. c. p.* 101.

Espèce inconnue de *Java*, à comparer avec la précédente.

5. CAPPARIS ZIPPELIANA MIQ. *n. sp.* — Pl. XIV.

Ramuli tenues teretiusculi inermes, novelli cum pedunculis petiolis et costa foliorum novellorum pube fugaci parcissima adspersi; folia breviter petiolata e basi rotundata aut acuta elliptico-lanceolatove-oblonga acuta vel acutiuscula, aut modice acuminata, submembranacea, costulis (venis) utrinque 10—12 tenerrimis patulis subaveniis; racemi umbelliformes graciles longe pedunculati pedicellis elongatis, axillares et in apice ramulorum paniculato-conferti; alabastra globosa; sepala 2 exteriora obovato-elliptica valvata libera, interiora subconformia teneriora minora; petala sepalis duplo longiora obovato-oblonga; gynophorum elongatum; ovarium placentis 4 parietalibus; bacca globosa.

Elle rappelle la variété *celebica* du *C. salaccensis*, mais on la distinguera par les feuilles plus longues, le manque d'épines et par les alabastres pubescentes. Dans l'herbier de ZIPPELIUS elle vient de deux localités et sous deux noms, mais je ne trouve d'autre différence que la longueur différente des feuilles. Ramules graciles minces et comme les autres parties bien vite glabres. Dans les échantillons inscrits "*C. arcuata*" les feuilles sont elliptiques-oblongues, arrondies obtuses ou aiguës à la base, 13—16 centim. de long, 5—6 de largeur; pétioles 8—12 mill. de longueur; les racèmes raccourcis en forme d'ombelles corymbiformes, supportés par des pédoncules de 7 centim. de long, avec des pédicelles 3—3½-centimétrales. Alabastres très-jeunes de la grandeur d'une baie de poivre, légèrement pubescentes. Les sépales des fleurs entièrement séparées, concaves obovées-elliptiques presque glabres membraneuses, les extérieures presque arrondies, les intérieures d'une texture plus tendre. Gynophore 2½—2¾ centim. de long, glabre; ovaire ellipsoide tetragone, avec 4 placentaires. Péricarpe du fruit, qui a la forme d'une cerise, épais, dans le sec brunâtre. Dans les autres échantillons inscrits „ *C. oblongifolia*", les ramules sont un peu plus épaisses, avec des feuilles lanceolées-oblongues, à la base obtuses ou arrondies, au sommet presque aiguës ou obtuses, mucronées, d'une texture plus épaisse pergamace, munies de chaque côté de 10 à 13 veines distantes légèrement venuleuses et entre elles de quelques veines tendres, 16—17¾ rarement 18¼ centim. de long, 6¼ de large. Racèmes ombelliformes ordinairement 3—6-flores, ou axillaires solitaires ou rapprochés dans une panicule terminale feuillée ou dépourvue de feuilles; pédoncules 3—4¼ centim. de long. Alabastres adultes de le grandeur d'un noyau de cerise. Ovaire pluriovulé; stigma verrucelleux. — Les feuilles de la première forme offrent à l'état sec une couleur glauque un peu cendrée; dans la seconde recueillie à l'âge plus avancé, la couleur est d'un vert pâle.

Nouvelle-Guinée: ZIPPELIUS.

EXPLICATION DE LA PLANCHE XIV.

Fig. 1. Branche avant la floraison de la forme *oblongifolia*; 2. feuille de la forme *arcuata*, grandeur naturelle; 3. calyce avec le gynophore, après la floraison, deux fois grossi; 4. ovaire dix fois grossi; 5. coupé transversalement, 20 fois grossi.

6. CAPPARIS CELEBICA MIQ. *n. sp.*

Ramuli juveniles cum inflorescentia densiuscule, folia novella utrinque parce puberula cito glabrata, brevissime petiolata e basi acuta anguste elliptica apice mucronato-acuta plerumque leviter inflexa, subavenia (subecostulata); spinae stipulares breves leviter uncinatae; paniculae terminales et ex axillis supremis folia superantes, pyramidatae, ramis alternis apice corymboso-floridis; alabastra pedicellata; sepala duo extima rotundato-concava leviter imbricata extus pubescentia.

Elle est voisine du *C. sepiaria*, mais bien caractérisée par les feuilles non échrancées au sommet et par son inflorescence. Épines courtes, à la base coniques, pâles, pubescentes, au sommet oncinées, noirâtres glabres, lisses. Pétioles 6 mill. de long. Feuilles pergamaces luisantes, en dessus d'une couleur verte et parcourues de la nervure médiane canaliculée, en dessous d'une couleur plus olivacée sans veines et veinules manifestes, 5—6½ centim. de long, presque 2¼ de large. Panicule terminale 8 centim. de haut, pyramidale, à branches alternantes patentes, les supérieures décroissantes, 2½—¾ centim. de longueur, au sommet bifides ou indivisé, corymbiformes ou subombellées

10—3-flores. Les alabastres dans nos échantillons encore très-jeunes très-petits globuleux.

Célébes, dans les forêts près de Belang, Octobre 1840: FORSTEN.

<small>*Observ. Capparis elliptica* SPANOGH. MIQ. *l. c. p.* 101 est une espèce douteuse de *Timor* dont nous ne possédons pas d'échantillons, appartenant peut-être à cette section.</small>

7. CAPPARIS SEPIARIA LINN., MIQ. *l. c. p.* 101. *C. emarginata* ZIPPEL. Herb.

Tiges selon la diagnose de ZIPPELIUS frutescentes rameuses, à branches déclinées presque scandentes, recouvertes d'un duvet assez épais; épines courtes légèrement oncinées; feuilles en dessus vénuleuses luisantes; sépales cucullées; pétales dressées, fimbriées d'un duvet laineux; fleurs blanches; baies ovoides-elliptiques.

Java: PEROTTETT. *Bali:* TEYSMANN (forme à feuilles un peu plus grandes, le duvet plus persistant). *Timor:* ZIPPELIUS, SPANOGHE, Herb. du Mus. Paris. — *Ceylon* entre les arbustes au mont d'Adam: KOENIG. *Maisore, Carnatic:* HOOKER *fil.* et THOMSON. *Assam:* herbier de HOOKER. *Siam:* TEYSMANN.

b. Pedicelli axillares fasciculati vel solitarii.

8. CAPPARIS DEALBATA DC., MIQ. *l. c. p.* 100.

Dans les échantillons communiqués du Musée d'Hist. nat. de Paris je trouve les épines coniques légèrement oncinées patentes, 3 à 4 millim. de long; pétioles de 6—8 millim., recouverts, comme le sont les feuilles en dessous, d'un duvet flocconeux, stellé grisâtre; les feuilles ovées ou ovées-oblongues mucronées-aiguës au sommet, à la base arrondies ou un peu cordées, à marges légèrement recourbées, glabres en dessus, en dessous pâles pubescentes mais glabrescentes, munies à chaque côté de 6—7 à peine 8 veines patentes courbées en arc vers le haut, veinules peu manifestes, 10 centim. de long, $4\frac{1}{2}$ de large vers la base, ou $6\frac{1}{2}$ centim. de longueur, 3 de largeur. Les feuilles naissantes sont recouvertes d'un duvet en dessus.

Timor: voyageurs français.

9. CAPPARIS PUBIFLORA DC. — Pl. XV.

<small>MIQ. *l. c. p.* 100. *C. nigricans* SPANOGH. *Linnaea* XV. *p.* 165. MIQ. *l. c. p.* 100.</small>

Ramules graciles glabres; épines dressées apprimées petites, noirâtres vers le sommet; pétioles en dessus canaliculés avec des marges obtuses, transversalement rimeux, $\frac{2}{3}$—1 centim. de long. Feuilles de différente largeur dans le même echantillon, aiguës ou obtuses à la base, lancéolées-oblongues atténuées vers le sommet, presque acuminées, glabres, chartacées, 9—11½ centim. de long, larges de 2½—3, rarement de 4¼, d'autres elliptiques-oblongues courtement acuminées et aiguës au sommet, 11½ centim. de long, 4½ de large, ou 16 centim en longueur avec 5 en largeur; veines de chaque côté 10—12, avec d'autres plus fines et plus courtes entremêlées. Pédicelles 3—7 fasciculés provenant d'une tubercule axillaire, parfois aussi inserés sur un pédoncule très-court, graciles, 2½—2 centim. de long, pourvus d'une pubescence accombante. Alabastres obovoides; sépales 4 oblongues-elliptiques concaves peu différentes en forme et en grandeur, imbriquées, extérieurement munies d'un duvet blanchâtre, 6—7 mill. de long; pétales deux fois plus longues obovées-oblongues veinées, antérieurement légèrement pubescentes. Étamines très nombreuses surpassant les pétales; gynophore gracile 2—2¼ centim. de long, plus long que les étamines, couvert avec l'ovaire d'une villosité blanchâtre. Ovaire ovoide légèrement aigu au sommet. — Les pédoncules ne sont pas glabres, comme le dit Decandolle et les épines ne manquent pas sur les ramules de ces échantillons ni dans ceux des variétés qui vont suivre.

Ile de *Timor*: SPANOGHE; herb. du Muséum d'Hist. nat.

Varietas moluccana, foliis anguste obovato-oblongis breviter acuminatis vel sublanceolatis, costulis (venis) tenuibus utrinque 12—14 erecto-patulis ante marginem unitis; tuberculis floriferis bracteis rigidulis obsitis.

Feuilles des échantillons des Moluques 18—24 centim. de longueur, 5—6⅓ de largeur; pédicelles fructifères allongés, 2½ cent. de long, mais ordinairement plus courts que le gynophore. Fruit de la grandeur de 1½ centim., presque sphérique rostellé biloculaire. Dans les échantillons de Célébes les feuilles sont relativement plus larges, plus obverses, avec 7—8 veines de chaque côté, plus semblables à celles de l'espèce même; fruits 1¼—⅔ centim. de diamètre.

Iles de *Saparoua* et *Ceram*: TEYSMANN. *Célébes*, dans les forêts près de Tondano Juill. 1840, fructifère: FORSTEN. Un échantillon incomplet, trouvé à *Java* près de Santiang, se trouve dans l'herbier de KORTHALS.

Varietas sumatrana, foliis elliptico-oblongis in acumen lanceolatum longulum excurrentibus, costulis utrinque 7—8; pedicellis sub anthesi brevioribus; petalis fere obovatis in sicco flavidulis basi fuscis.

Sumatra, dans les forêts du mont Singalang: KORTHALS (*Capparis singalensis* KORTH. *herb.*).

EXPLICATION DE LA PLANCHE XV.

Fig 1. Branche en fleur de grandeur naturelle, d'après les échantillons de Timor; 2. sépale; 3. pétale; 4. étamines; 5 pistil; 6. coupé transversalement; 7. ovule. — Figures plus ou moins grossies.

c. Pedicelli supraaxillares seriales.

10. CAPPARIS CALLOSA BL., MIQ. *Fl.* I. 2, *p.* 99. — Pl. XVI.

Les échantillons desséchés sont d'une couleur pâle, tirant au jaune, de la même manière que ceux du *C. Korthalsiana*, tandis que ceux du *C. flexuosa*, espèce sans cela très voisine, conservent plus ou moins la couleur verte. Les branches stériles sont droites tetragones-cylindriques, à angles arrondis; pétioles attachés comme par articulation à leurs coussinets, en face canaliculés, presque 1¼ centim. de long; épines stipulaires très courtes, coniques, anguleuses patentes droites ou très-peu oncinées; feuilles adultes coriaces glabres, à la base arrondies ou obtuses, elliptiques-oblongues, munies au sommet arrondi d'un callus ordinairement sphacélé brun-noirâtre, 19—22—24 centim. de long, 9—10 de large, en dessus lisses avec la nervure mediane légèrement prominente et les veines un peu déprimées, qui au contraire en dessous sont prominentes et reticulées; de ces veines 7, rarement 9 sont fortes, patentes à leur origine, de là ascendantes courbées en arc et parfois confluentes et unies entre elles, d'autres situées entre celles-ci sont patentes courtes, toutes réticulées; vers la partie supérieure des branches se trouvent des feuilles plus jeunes tendres et plus petites. A l'aisselle de quelques feuilles déjà adultes on observe de petites gemmules florales sériées, 3 ou 4, composées de quelques squamules, probablement supprimées dans leur évolution. Les feuilles des branches florifères sont plus étroites et plus petites. Du reste les pédicelles sont ordinairement 3, sériés à l'aisselle des feuilles, assez près de l'insertion du pétiole, souvent par l'avortement des feuilles plus ou moins disposés en forme de racème au sommet des branches. Sépales imbriquées, les intérieures couvertes d'un léger duvet, 8 à 10 millim. de long, de la longueur du pédicelle ou plus courtes Pétales obtuses au sommet, deux fois plus longues que les sépales, recouvertes d'un duvet tendre, „les deux inférieures à la base épaissies, comme tuberculeuses et orangées-pourprées", à l'état sec glanduleuses comme les sépales. „Fruit uniloculaire polysperme."

Java, près de Batavia, à Linggi-Jatti: BLUME, près de Kabedoungan: VAN HASSELT („arbuste"), à Telaga bodas, près de Tjikao et à Soumanap: KORTHALS sur les monts Jati Kalangan et Oungarang: JUNGHUHN; dans la prov. de Madoura: SPANOGHE („*Capparis Madurae* SPAN. *herb*.), près de Savarna: HASSKARL, des échantillons luxuriants avec des feuilles de 16 centim. en largeur. — *Sumatra?*

d'après des échantillons stériles: KORTHALS. — Les indigènes de Java appellent cette espèce "Ki djerouk."

JUNGHUHN trouva sur le mont Oungarang cette espèce avec le *Capparis flexuosa* et ajoute cette notice, appartenant probablement au *C. callosa*: calyce 4-sépale; sépales oblongues obtuses concaves; corolle 3-pétales [?], deux pétales latérales oblongues alternant avec 3 sépales, la troisième petite, située en arrière, est plutôt labelliforme, opposée à la quatrième sépale, à deux lobes tuméfiés à la base et contigus et soudés. Étamines nombreuses. Fleurs blanches, labellum [deux pétales cohérentes à la base?] jaune ou couleur de sang à la base. Le même changement du jaune au rouge s'observe chez *L. flexuosa*, comme je l'ai vu dans une plante vivante. — Les échantillons de *Sumatra* diffèrent légèrement par la forme des feuilles un peu obverse et dans les fragments des fleurs je trouve les sépales ou peu plus grandes que dans celles de *Java*.

EXPLICATION DE LA PLANCHE XVI.

Fig. 1. Branche en fleur, de grandeur naturelle d'après un échantillon de Java; 2. sépale; 3. pétale; 4. étamines; 5. ovaire; 6. coupé. Figg. plus ou moins grossies.

11. CAPPARIS MICRACANTHA DC., MIQ. *l. c. p.* 99.

Espèce de Java indiquée par BLUME du *Java oriental*, dont je ne connais pas des échantillons authentiques. Voy. les deux espèces suivantes.

12. CAPPARIS FLEXUOSA BL., MIQ. *l. c. p.* 98.

J'ai décrit cette espèce, très voisine du *C. callosa*, d'après une plante vivante transportée de Java dans le Jardin botanique d'Amsterdam (*Analecta bot. ind.* III. *p.* 1—2), mais dans les *Plantae Junghuhnianae* je l'ai confondue avec le *C. callosa*. — Depuis j'ai examiné l'échantillon authentique de BLUME: épines caduques; pétioles de 1—1¼ centim.; fenilles rigides coriaces, à l'état sec brunâtres et luisantes en dessus, plus pâles en dessous, obovées-oblongues, terminées par une courte pointe obtuse, 13—14 cent. de long, 6¼ de large; veines primaires de chaque côté 7, avec d'autres entremêlées plus fines, provenant aussi de la nervure médiane; veinules réticulées; feuilles jeunes très tendres membraneuses. Fleurs supraaxillaires 4, seriées. Elle varie avec des feuilles elliptiques et des fleurs disposées en racèmes de 5—8 centim. de longueur, sortant de la base des ramules feuillées. Alabastres adultes de 1¼ centim. de long. Gynophore plus court que les sépales. Dans d'autres échantillons on trouve les épines persistantes légèrement oncinées; feuilles aiguës à la base, elliptiques-oblongues ou presque lancéolées-oblongues, 16—18 centim. en longueur, 6¼—7 en largeur, à veines courbées, unies à l'extrémité entre elles, transversalement venuleuses et réticulées; pédicelles 2 centim. de long., ordinairement surpassant le pétiole. — Elle diffère du *C. callosa* par son port plus gracile, ses branches graciles, ses feuilles plus étroites, moins coriaces, et par les fleurs plus petites. Le gynophore est plus long que dans la plante cultivée que j'ai décrite.

Java, sur le mont Pangerango: BLUME, m. Oungarang: JUNGHUHN. — Celle-ci et la suivante sont sans doute très voisines du *Capparis micracantha* DC. et probablement l'une ou l'autre sera synonyme d'elle. Mais la diagnose trop incomplète du Prodromus ne permet pas d'en juger et il faut, pour résoudre cette question, recourir à l'échantillon authentique de l'auteur. Dans l'herbier de BLUME se trouve un échantillon sous ce nom, provenant de Java, qui ne diffère pas du *C. flexuosa*, de même qu'un autre de *Sumatra*, étiqueté par KORTHALS. — Le *C. micracantha*, énuméré dans le dernier Catalogue du Jardin de Buitenzorg, est probablement le *C. Forsteniana* de l'île de Bali.

13. CAPPARIS KORTHALSIANA MIQ. *n. sp.* — Pl. XVII.

Glabra; ramuli tri- vel obtuso-tetragoni; spinae breves conicae rectae patentes persistentes; folia breviter petiolata e basi vulgo acuta elliptico-oblonga breviter oblique cuspidato-acuta coriacea, costulis utrinque circiter 7 erecto-patulis ante marginem unitis interjectis venis costalibus; pedicelli 2—4 supraaxillares seriati petiolo paullo longiores; alabastra ovoidea acuta; sepala imbricata, 2 exteriora ovata concava, interiora puberula vix acuta aequantia; petala spathulato-oblonga villosula; stamina plurima; gynophorum gracile calycem excedens cum ovario glabrum; baccae conicae magnae angulato- 7—8-costatae, maturae bivalvatim apertae.

Les feuilles sont plus épaisses et plus grandes que celles du *C. flexuosa*, dont elle se distingue par les fleurs plus grandes et probablement aussi par la grandeur et la forme du fruit. Par son aspect robuste elle ressemble au *C. callosa*. Les branches plus âgées sont cylindriques; pétioles 7—10 millim. de long, en face plus ou moins applatis, légèrement sillonnés et après transversalement rimeux. Feuilles à la base aiguës, rarement un peu obtuses, au sommet aiguës et piquantes, d'une texture coriace, veines latérales courbées et unies entre elles à l'extrémité, fortes, prominantes, anastomosantes avec d'autres veines provenant aussi de la nervure médiane et avec leurs propres veinules, formant ainsi une réticulation très-manifeste, en dessus d'une couleur verte ou brunâtre et luisantes, en dessous pâles, tirant au jaune, les inférieures dans chaque ramule plus petites, presque lancéolées, d'autres plus obverses, les plus grandes 18—21 centim. de long, 8—9 de large, d'autres 12 à 13 centim. en longueur, $5\frac{1}{4}$ en largeur, les inférieures 9 de longueur, 4 en largeur. Pédicelles 2 centim. de longueur, après la floraison sensiblement allongés. Sépales 10 à 12 millim. de long. Gynophore 2 centim., ovaire ellipsoide-oblongue tetragone glabre. Le pédicelle du fruit 2½ cent. en longueur égalant ou un peu plus court que le gynophore. Fruit mûr 6½ cent. en longueur.

Cette espèce remarquable qui est une de celles dont le fruit est dehiscent à la pleine mâturité, fut découverte par M. KORTHALS dans le district Banjermassing et à Poulou Lampei dans l'île de *Bornéo*. Un exemplaire un peu douteux se trouve dans son herbier de *Sumatra;* un autre porte l'étiquette de „Java," vraisemblablement par erreur.

EXPLICATION DE LA PLANCHE XVII.

Fig. 1. Branche en fleur, de grandeur naturelle; 2. branche de grandeur naturelle, portant une baie mûre dehiscente et vue de dedans; 3. pétale; 4. étamines; 5. ovaire; 6. coupé à travers — Figures plus ou moins grossies.

14. CAPPARIS FORSTENIANA MIQ. n. sp. — Pl. XVIII.

Glabra; spinae exiles rectae; folia breviter petiolata e basi acuta vel rotundata elliptica obovato- vel elliptico-oblonga, apice rotundato non raro emarginato calloso-mucronata, coriacea, costulis utrinque 6—10 vulgo 7—8 arcuato-subpatulis ante marginem arcu vel anastomosi confluentibus subtus prominentibus et reticulatis; pedicelli supraaxillares 6—7 seriati breves, in apice ramulorum aphyllo subracemosi; alabastra ellipsoideo-oblonga; sepala 2 exteriora deorsum connata oblonga; petala anguste oblonga iis plus duplo longiora venosa, puberula?; stamina numerosa; gynophorum sub anthesi abbreviatum sepala vix aequans; ovarium ovoideum glabrum, stigmate subcapitellato.

En comparant la diagnose du *Capparis Billardieri* DC. qui m'est entièrement inconnue, on doit soupçonner qu'elle est non seulement voisine du *C. flexuosa* et du *C. callosa*, mais aussi du *C. Forsteniana*. — Ramules vers le sommet, surtout dans la partie florifère comprimées et flexueuses. Pétioles 2 mill. de long dans les échantillons de Bali, 5—7 dans ceux de Célébes. La forme des feuilles est plus ou moins variable, mais toutes se montrent à l'état desséché d'une couleur pâle jaunâtre comme le *C. callosa;* quelques-unes sont elliptiques, d'autres ovales ou ovées, d'autres plus oblongues, étroites ou plus larges, à la base aiguës, obtuses, arrondies ou légèrement cordées, coriaces, à l'exception des quelques veines tendres, les veines principales sont de nombre différent selon la grandeur des feuilles, fortement prominentes en dessous réticulées et les inférieures plus rapprochées, 10½—16 centim. de long, 5—7 en largeur au-dessus de la hauteur moyenne, d'autres plus petites 6 cent. de long, 5 en largeur, d'autres plus allongées et plus étroites; en comparant les échantillons des diverses îles on pourra soupçonner que chaque île produit sa forme propre pour cette espèce. Les pédicelles naissent surtout des aisselles des feuilles supérieures, parfois seulement près du sommet, en y formant une espèce de racème; ils sont courts, ayant à peine 1½ centim. de longueur, dans d'autres échantillons beaucoup moins encore, p. ex. après la floraison à peine ½ cent., rapprochés, fleurissant successivement, souvent légèrement courbés. Alabastres très-jeunes cylindriques, rétrécis au-dessus de la base, ensuite plutôt oblongues, entièrement clos, munis à la base de deux bractéoles très petites caduques, laissant une cicatrice circulaire. Dans la fleur développée les deux sépales extérieures sont elliptiques-oblongues presque coriaces, vers la fin de la floraison entièrement libres; les deux intérieures un peu plus saillantes lancéolées aiguës, surpassant en longueur 7—6 millim., d'une texture plus tendre. Pétales tendres. Les nombreuses étamines, trop avariées dans nos échantillons, paraissent être un peu divergentes comme unilatérales. Gynophore pendant la floraison court d'une épaisseur médiocre, à peine de la longueur des sépales, après la fécondation plus épais et allongé et égalant à la fin à peu près la longueur du fruit. Ovaire ovoide avec 4 placentaires pluriovulés. Baies ellipsoides ou plutôt presque sphériques polyspermes, de la longueur du gynophore qui mesure environ 2½ centim., tandis que le pédoncule ou pédicelle est parvenu à la longueur de ¾—1½ centim.

Ile de *Bali*, échantillons portant des feuilles plus obverses: TEYSMANN. (*C. micracantha* Cat. hort. bog. ed. alt.). *Célébes*, dans la province de Ménado, avec des feuilles plus allongées, munies de nervures très-saillantes: TEYSMANN, près de Belang au bord de la mer, et dans les forêts de Gorontalo: FORSTEN en 1840. *Halmaheira*, une forme avec des feuilles plus tendres presque membraneuses elliptiques, oblongues ou plus arrondies: TEYSMANN et DE VRIESE. À tous ces échantillons s'en rapprochent d'autres, rapportés par ZIPPELIUS de l'île de *Timor*, sous le nom de *Capparis ovalifolia*, différant par des feuilles plus membraneuses, munies de veines principales latérales plus rapprochées et sans veines plus tendres alternantes. J'ajoute la diagnose manuscrite de l'auteur: „Caule subscandente, ramis deflexis, spinis geminatis brevibus recurvis, foliis ovatis ovato-oblongisve cuspidatis [mucronatis]; racemis glabris, pedunculis axillaribus solitariis, fructibus ovatis." — Le caractère des pédoncules solitaires n'est pas opposé à notre observation, étant dérivé de la plante en fruit, car ordinairement une ou deux fleurs seulement dans chaque série sont fertiles et fructifères.

EXPLICATION DE LA PLANCHE XVIII.

Fig. 1. Branche feuillée portant des baies peu développées; 2. une autre avec une baie développée, de Célébes, toutes de grandeur naturelle; 3. fleur de Halmaheira, grandeur naturelle;

4. sépale; 5. pétales, cinq fois grossies; 6. ovaire, cinq fois grossi; 7. coupé transversalement; 8. baie jeune, avec deux placentaires opposés soudés.

15. CAPPARIS BILLARDIERII DC., MIQ. *l. c. p.*

Ile de *Bouton* dans les Moluques. Espèce douteuse, à comparer entre autres avec la précédente.

16. CAPPARIS SUBCORDATA SPANOGHE, MIQ. *l. c. p.* 99.

Branches subcylindriques, recouvertes d'une écorce jaunâtre ou brunâtre, ponctuée par des lenticelles; ramules graciles, légèrement comprimées, souvent sans épines ou munies à l'état très-jeune d'épines coniques subpatentes très-courtes, pendant que la plupart en sont dépourvues dès le commencement. Les parties nouvelles portent un duvet villeux, rubigineux. Pétioles presque cylindriques, en dessus légèrement canaliculés, transversalement rimeux, noirâtres à l'état sec, 8—14 millim. de longueur. Feuilles adultes presque glabres, à la base arrondie, sur l'insertion du pétiole légèrement émarginées, ovées ou elliptiques, presque abruptement terminées par une pointe courte subobtuse, ou distinctement aiguës, pergamacées-coriaces, en dessus luisantes glabres d'une couleur verte, tirant au jaune, avec des nervures un peu déprimées, en dessous glauques ou jaunâtres, pubescentes par une villosité tendre, à l'âge avancé de plus en plus glabrescentes, parcourues d'une nervure médiane prominente pâle jaunâtre, d'où sortent de chaque côté 7—8 veines latérales, minces, patentes et légèrement ascendantes, formant à l'âge avancé une réticulation très-fine, 5—8 centim. en longueur, $2\frac{1}{2}$—4 en largeur à marges un peu recourbées. Pédicelles supraaxillaires sériés, 3—7, couverts ainsi que les boutons obovoides d'un duvet tomenteux brunâtre. Sépales 4 inégales subimbriquées. Les autres parties de la fleur pas encore bien développées. Ile de *Timor*: SPANOGHE.

17. CAPPARIS HORRIDA LINN., WIGHT et ARN. *Prodr.* I. *p.* 26.

Capparis foetida BL., MIQ. *l. c. p.* 99. *C. oxyphylla* MIQ. *l. c. C. trapeziflora* SPANOGHE, MIQ. *l. c. p.* 99.

En comparant les échantillons de l'Archipel Indien avec ceux de l'Inde continentale, je me suis convaincu que tous sont conspécifiques, ne représentant qu'une seule espèce, répandue dans toute l'Asie australe. Feuilles ovées, surmontées d'une pointe courte et aiguë, ou elliptiques, ovales, aiguës. Pédicelles supraaxillaires sériés très-rapprochés, mais jamais fasciculés, 1 à $1\frac{1}{4}$ centim de long. Fleurs petites. Sépales et pétales pubescentes au dos; sépales extérieures arrondies, les intérieures plus oblongues; pétales légèrement surpassant les sépales. Étamines au nombre de 10. Gynophore plus long que les étamines, et glabre comme l'ovaire. Dans le *Capparis trapeziflora* on trouve jusqu'à 8 pédicelles sériés, du reste elle ne diffère en rien des autres.

Java, près de Batavia: BLUME, près de Tjikao: KORTHALS. Ile de *Bali:* TEYSMANN. *Timor:* SPANOGHE. *Assam:* herb. de HOOKER; dans les *plaines gangétiques:* HOOKER *fil.* et THOMSON. *Siam:* TEYSMANN.

var. β *erythrodasys* (*Capparis erythrodasys* MIQ. *Pl. Jungh.* I. *p.* 397. *Flor. l. c. p.* 99). Forme d'un aspect différent à cause du duvet dense, épais, singulièrement coloré. — *Java*, découverte par JUNGHUHN.

§ 2. *Busbeckia.* Sepala 2 exteriora valvatim connata sub anthesi soluta. — C. Korthalsiana supra enumerata inter Eucapparidem et hanc sectionem intermedia.

18. CAPPARIS SUBACUTA MIQ. *Fl. Ind. bat.* I. 2, *p.* 101. — Pl. XIX.

À la diagnose que j'ai publiée d'après les échantillons de Java, j'ajoute ici quelques détails: Branches et ramules anguleuses, couvertes d'une pubescence ochracée-grise assez persistante, et composée sur celles-ci, sur les pétioles et les bourgeons des poils stellés et simples. Épines stipulaires des branches courtes oncinées et recourbées, manquant aux ramules ou se présentant sous la forme de stipules extrêmement petites et fugaces. Pétioles dans l'échantillon de Java environ 1 cent., dans ceux de Halmaheira 5 à 7 millim. de long. Feuilles assez épaisses, pergamacées, les desséchées brunâtres, ou d'un vert pâle tirant au gris, elliptiques ou elliptiques-oblongues, à la base aiguës, au sommet presque aiguës ou obtuses, parfois émarginées et munies d'un mucro épais, avec des veines latérales patentes ascendantes tendres, en dessous à peine distinctes, à l'état naissant pubescentes sur la nervure médiane aux deux surfaces, glabres à l'état adulte, 4 à 6 centim. ordinairement $6\frac{1}{4}$ centim. de long, $2\frac{1}{2}$—4—$4\frac{1}{2}$ centim. de large. Pédoncules terminaux et naissant des aisselles des feuilles supérieures, formant un ensemble presque sous la forme d'une panicule fasciculiforme, plus courts que les feuilles, avec des bractées presque lancéolées petites tomenteuses, eux-mêmes à l'état fructifère $1\frac{1}{2}$ centim. en longueur, égalant à peu près le gynophore gracile du fruit sphérique. Boutons floraux coniques ovoïdes rétrécis vers le haut, presque aigus, glabres, coriaces, assez grands. Les 2 sépales extérieures coriaces, concaves, soudées dans le bouton, vers la floraison séparées en forme de valves, 7 à 8 millim. de long, les 2 intérieures membraneuses comme pétaloïdes obovées-elliptiques, extérieurement pubescentes, de la même longueur que les extérieures. Pétales 4, surpassant du double les sépales. Étamines nombreuses. Gynophore

4 à 5 centim. en longueur. Ovaire ovoide-tetragone avec 4 placentaires multi-ovulés. Baies de la grandeur du *Prunus insititia*. — Par la forme des feuilles elle rappelle un peu le *C. sepiaria*, mais les fleurs sont entièrement différentes.

Java, dans la partie orientale, dans les prov. de Bezouki et Pouger; *Halmaheira:* TEYSMANN. Les échantillons de cette île diffèrent par des feuilles un peu plus étroites.

EXPLICATION DE LA PLANCHE XIX.

Fig. 1. branche en fleur et avec des boutons, de Java, grandeur naturelle; 2. pétale; 3. torus; 4. étamines; 5. ovaire; 6. coupé en longueur; 7. ovule. Figures un peu grossies.

19. CAPPARIS MARIANA JACQ., MIQ. *Fl. Ind. bat.* I. 2, *p.* 100.

ZIPPELIUS a décrit dans ses annotations cette espèce comme un genre, nommé *Blumea*. N'ayant pas examiné les fleurs à l'état de bouton, je ne suis pas sûr que cette espèce appartienne à la section *Busbeckia*. — ZIPPELIUS dit: „frutex ramis declinatis; folia ovali-orbiculata emarginata venosa cinereo-glauca glabra; flores ampli candidissimi; siliquae [baccae] flavae. Calyx 4-sepalus, sepala 2 inferiora majora deflexa saccata; corolla 4-petala, petala 2 superiora erecto-patentia obovata denticulata fimbriata, 2 inferiora majora deflexa basi longitudinaliter incrassata inter se involuta saccatim cucullata. Stamina numerosa corolla longiora, autherae oblongae biloculares; stigma sessile. Ovarium pedicellatum nervosum 7—10-valve. Siliqua oblonga apice dehiscens. Semina plurima in pulpa crocea nidulantia ad parietes valvarum funiculis adnata."

Ile de *Timor*, à des endroits rocheux: ZIPPELIUS. SPANOGHE.

OMBELLIFÈRES.

HYDROCOTYLE TOURNEF.

1. HYDROCOTYLE ASIATICA LINN., MIQ. *Flor. Ind. bat.* I. 1, *p.* 731.

La variété *hebecarpa l. c.*, établie par DECANDOLLE et celle que BLUME a mentionnée sous le nom de *subrepanda* ne peuvent pas être considérées comme des formes constantes. — Les jeunes feuilles et les pétioles de cette espèce variable sont en dessous couvertes d'une villosité qui s'évanouit de bonne heure. Elle varie avec des feuilles grandes écartées ou elle offre des feuilles plus rapprochées petites et d'une texture plus épaisse. Dans quelques échantillons excessivement développés de Bornéo j'ai vu des feuilles de 7 centim. de longueur, avec des pétioles de 30 centim.

Java, près de Buitenzorg: BLUME, sur le plateau du mont Dieng à 6200 pieds d'élévation à des endroits humides entre les gazons: JUNGHUHN, sur les montagnes de Java: ZOLLINGER, n. 632, dans les forêts près de Tangerang: VAN HASSELT. *Bornéo*, dans la région de Banjermassing: KORTHALS. *Timor:* ZIPPELIUS, probablement aussi à *Amboina* d'après une diagnose d'une espèce nommée *H. excisa*, dont les échantillons nous manquent. *Sumatra*, dans la partie occidentale: KORTHALS. — Elle croît aussi au *Japon*, où le docteur BÜRGER l'a trouvée dans des endroits humides et ombragés au cap de Nomo Saki de l'île de Kiousiou.

2. HYDROCOTYLE HIRSUTA DC., MIQ. *l. c. p.* 732.

Cette espèce est assez caractérisée par ses feuilles petites orbiculées fendues en lobes courts, recouvertes surtout à l'état jeune d'une villosité dense. Elle a été exactement décrite par feu le docteur MOLKENBOER dans les *Plantae Junghuhnianae* I. *p.* 92.

Java (voy. *l. c.*), où on l'appelle Antanan. *Sumatra*, dans la province de Padang, où KORTHALS trouva une forme à feuilles plus profondément lobées et à méricarpes mûrs distinctement ponctués. — Je n'ai pas vu les échantillons distribués sous ce nom par ZOLLINGER. En outre cette espèce, quoique voisine, est suffisamement différente du *H. rotundifolia* ROXB., signalée par M. BENTHAM (*Fl. Hongk. p.* 134) comme indigène dans les îles de l'Archipel indien, mais elle ne se trouve dans aucune de nos collections.

3. HYDROCOTYLE PODANTHA MOLKENB., MIQ. *l. c. p.* 732.

Elle est très distincte parmi ses congénères, non seulement par son inflorescence, mais aussi par les côtes des méricarpes très faibles, dont une latérale de chaque côté du méricarpe, une autre exactement dorsale souvent plus obscure et enfin une troisième de chaque côté située dans la commisure. Du reste je renvoie à la description détaillée de l'auteur *Pl. Jungh.* I. *p.* 89.

Croît dans l'île de *Java*.

4. HYDROCOTYLE JAVANICA THUNB., MIQ. *l. c. p.* 734.

Je n'ai jamais vu d'échantillons de l'Archipel, mais bien du *Sikkim* et de *Khasya* qui représentent exactement la figure que THUNBERG (*Dissert. tab.* 3) a publiée, et différant du *podantha* par des feuilles plus grandes poilues en dessous, par des fruits sessiles et des méricarpes très comprimés.

5. **Hydrocotyle nepalensis** HOOK. *Exot. Bot.* I. *tab.* 30 (a. 1823). *H. hispida* DON *Prodr. Fl. Nepal. p.* 183 (a. 1825). *H. sundaica* BL. *Bijdr. p.* 883. *H. globata* BL. *l. c.* (a. 1826). *H. zeylanica* DC. *Prodr.* IV. *p.* 67 (a. 1830). *H. polycephala* WIGHT *et* ARN. *Icon.* III. *tab.* 1003. *H. glabrata ex errore pro globata in Annal. Mus. bot. L. B.* III. *p.* 56.

L'examen de nombreux échantillons, recueillis dans l'Inde continentale et sur les îles de l'Archipel, m'a prouvé que tous ces noms ne représentent qu'une seule espèce. Les tiges sont minces, allongées, sarmenteuses, à feuilles ordinairement écartées; pétioles couverts de poils courts ochracés renversés; feuilles membraneuses, en dessus d'une couleur verte saturée et munies sur les nerfs de quelques rares poils rigides étroitement coniques, en dessous pâles, parcourues de nervures du nombre des lobes et de veines plus fines, quelques-unes glabres, d'autres offrant des poils flaccides caducs. À ces caractères diagnostiques s'ajoutent d'autres, p. ex. les lobes foliaires primaires courts, crénelés d'une manière qui leur donne l'aspect d'un lobe très légèrement trilobulé; les pédoncules fasciculés plus courts ou plus longs que le pétiole, ou terminés d'un capitule multiflore globuleux compacte, ou ramuleux en forme d'un racème dont chaque ramule porte son capitule composé alors d'un nombre moindre de fleurs que ceux-là. La première forme est presque constante à Java, la dernière se trouve à Sumatra et dans l'île de Ceylon. L'espèce de HOOKER, ainsi que le *polycephala* de WIGHT' et ARNOTT, est basée sur la forme du *Népal* à pédoncules monocéphales et plus courts que le pétiole, aussi le *globata* de BLUME. Dans l'île de Java et dans les Moluques on rencontre les deux formes. Le *hispida* de Don aussi du *Népal* a les pédoncules plus allongés. La forme *zeylanica*, découverte à *Ceylon* et croissant probablement aussi dans le continent voisin, a été trouvée par JUNGHUHN dans l'île de *Sumatra*; elle se caractérise par les pédoncules pléiocéphales, mais il y a des transitions de l'une forme à l'autre. Du reste quelques fleurs périphériques dans chaque capitule sont stériles, comme l'a très-bien observé HOOKER, mais elles tombent de bonne heure. Les fruits montrent des ponctuations d'un rouge-brun. Voy. en outre MOLKENBOER *Pl. Jungh.* I. *p.* 91, *n* 3, *p.* 93, *n.* 7 et 8. ZOLLINGER et MORITZI (*Syst. Verz.*) ont confondu cette espèce avec le *H. javanica*.

Java, sur le mont Salak: BLUME, avec des feuilles en dessus surtout sur les nervures poilues, jusqu'à 10 cent. de large, au pied du mont Bougit toungoul: ZOLLINGER n. 822 (ou 827?), près de Kapadoungang: VAN HASSELT, forme à pédoncules simples et ramuleux dans le même échantillon, avec des poils sur les nervures et une pubescence fine caduque sur le parenchyme, sur le mont Oungarang: JUNGHUHN, à Bogor: ZIPPELIUS, échantillons combinant le *globata* et *zeylanica*. — *Bornéo*: KORTHALS, échantillons stériles, à feuilles 9-lobulées. *Sumatra*, dans la prov. boréale Battak: JUNGHUHN, forme *zeylanica*, à pédoncules ramifiés, feuilles petites à peine lobées, plutôt anguleuses, en dessus pubescentes; dans la partie occidentale de l'île: KORTHALS recueillit des échantillons de la forme *sundaica*. Parmi les échantillons du *H. asiatica* du Japon j'ai trouvé aussi un exemplaire, signalé comme une variété de cette espèce (*Annal. Mus. bot. L. B.* III. *p.* 55) mais qui ne diffère du *nepalensis* que par ses pédoncules très raccourcis. ZOLLINGER l'avait vu aussi du Japon.

6. HYDROCOTYLE SIBTHORPIOIDES LAM., DC. *Prodr.* IV. *p.* 67. *H. splendens* BL. *Bijdr. p.* 884. *H. ranunculoides* (LINN. *fil.*) var. *incisa* BL. *ibid. H. nitidula* RICH. *Hydr. Monogr. n.* 35, *fig.* 33. ZOLLING. *Syst. Verz. p.* 139. *H. Zollingeri* MOLKENB. *Pl. Jungh.* I. *p.* 91. ZOLLING. *Syst. Verz. p.* 139. *H. puncticulata* MIQ. *Fl. Ind. bat.* I. 1, *p.* 732. — Conf. *Annal. Mus. bot. L. B.* III. *p.* 56 (*Protus. Fl. Jap. p.* 243) *ubi sub nitidula forma pubescens enumerata, dum culta glaberrima est.*

Cette espèce est répandue depuis les îles Mascarhènes dans l'Archipel Indien jusque dans le Japon; elle forme des gazons très-serrés, des tiges ramifiées avec des feuilles rapprochées très-luisantes d'un vert vif, divisées du $\frac{1}{3}$ jusqu'aux $\frac{2}{3}$ de la hauteur en 5—7-presque 9 lobes, les inférieures parfois en 3 lobes, ou entièrement glabres comme le reste de la plante, ou poilues au sommet du pétiole, sur la page supérieure ou sur les deux pages, à pédoncules longs ou raccourcis; capitules pauci- à 12-flores. Quoiqu'il ne soit pas rare de rencontrer ces caractères différents réunis en partie dans le même gazon, sans l'examen scrupuleux d'une foule d'échantillons on n'oserait pas réunir sous une espèce les formes différentes, considérées jusqu'à présent comme spécifiquement distinctes:

1. *Glabra*, foliis ad $\frac{1}{3}$ lobatis. — Plante entièrement glabre, représentant le type de l'espèce décrite par LAMARCK et dont nous avons reçu des graines du *Japon* sous le nom de *H. asiatica*. Dans l'île de *Java* elle paraît être plus rare.

2. *Subglabra*, petiolis apice pilosis vel cum foliis ad $\frac{1}{2}$ long. 7—9-lobatis glabris aut subglabris. — Très commune à *Java*, représentant à peu près le *nitidula* de RICHARD et si dans les échantillons adultes les feuilles sont très ponctuées, on a le *splendens* BL. et le *puncticulata* MIQ.

3. *Pubera*, petiolis pedunculisque superne, foliis supra vel utrinque pilosis, 7—9-lobatis, capitulis vulgo plurifloris. *H. Zollingeri* MOLKENB. *l. c.* — *Java*.

4. *Lobata*, petiolis apice et foliis utrinque parce piliferis, his saepe satis profunde 5-lobulis. — Cette forme m'est connue du *Japon*, et probablement il faut y rapporter le *H. latisecta* ZOLLING. *Syst. Verz. p.* 139, de *Java*.

5. *Incisa*, foliis parvis profunde lobatis. — Elle représente le *H. ranunculoides var. incisa* de BLUME.

Toutes ces formes ne sont pas rares dans l'île de *Java*, et probablement dans d'autres îles de l'Archipel indien. — Le docteur VAN HASSELT, qui l'a rencontrée grimpante sur les troncs des Palmiers à Java, en a signalé les pétales comme d'un jaunâtre pâle, et la même couleur se fait voir dans la plante du Japon, cultivée dans notre jardin. Elle est dans l'herbier de BURMANN sous le nom de *Evolvulus emarginatus*.

SANICULA TOURNEF.

1. SANICULA ELATA HAMILT. *in* DON *Prodr. Fl. Nepal. p.* 183 (a. 1825). *S. montana* REINW. *in* BL. *Bijdr. p.* 832. *S. javanica* BL. *ibid.* (1826). MIQ. *Fl. l. c. p.* 736.

Espèce très variable, dont les variations, observées à Java et à Sumatra ont été énumérées par feu le Dr. MOLKENBOER dans le *Plant. Jungh.* I. *p.* 93—94. Je suis persuadé que les deux espèces, citées par BLUME, sont identiques entre elles et aussi avec le *S. elata* du Népal, que HOOKER et d'autres botanistes anglais ont réunies avec le *Sanicula europaea*. Aux localités mentionnées dans ma Flore, il faut ajouter: *Java*, sur les montagnes Tjerimai et Gedé: BLUME, sur le mont Papandajang: KORTHALS, échantillons nains, au sommet du mont Pangerango et près de Harriang: VAN HASSELT. *Sumatra occidental:* KORTHALS, forme à feuilles radicales 5-partites.

PIMPINELLA LINN.

1. PIMPINELLA JAVANA DC., MIQ. *Fl. Ind. bat.* I. 1, *p.* 738.

Selon les différentes hauteurs des montagnes elle offre une stature plus ou moins grande et je ne doute guère que le *P. Leschenaultiana* WIGHT *Icones* III, *tab.* 1005, soit la même espèce. — Elle n'est pas rare sur les volcans de *Java*; dans la partie orientale de cette île TEYSMANN la rencontra dernièrement encore sur le mont Waliran, où ZOLLINGER la découvrit à 5—7000 pieds d'élévation.

2. PIMPINELLA PRUATJAN MOLKENB., MIQ., *l. c. p.* 739.

La variété que j'ai décrite *l. c.* n'est qu'une forme accidentelle. Elle croît dans les hautes régions des montagnes de *Java*, à 8—10,000 pieds.

OENANTHE LINN.

En rapportant avec M. Bentham (BENTH. et HOOK. *Gen. Pl.*) le *Dasyloma* DC. à ce genre, nous avons dans la Flore de l'Archipel Indien deux espèces, répandues probablement dans toute l'Asie australe, jusque dans le Nord de la Nouvelle-Hollande

1. OENANTHE JAVANICA DC., MIQ. *l. c. p.* 740. *Sium javanicum* BL. *Bijdr. p.* 881. *Falcaria javanica* DC. *Prodr.* IV. *p.* 110, *non* MOLKENBOER *in Pl. Jungh.* I. *p.* 85.

Le *Sium javanicum* BL., que Decandolle en établissant son *Oenanthe javanica* d'après un échantillon trouvé à Java par Lahaye, rapporta avec doute comme synonyme à cette espèce, a été en même temps énuméré par lui comme *Falcaria javanica*. Mais Blume ayant identifié dans notre herbier, son *Sium* avec l'*Oenanthe*, j'ai réuni les synonymes ci-dessus, quoique Zollinger ait distribué sous le nom de *javanica* (*Syst. Verz. p.* 139) une forme de l'espèce suivante à segments foliaires larges. — En examinant dernièrement les échantillons authentiques de Blume je me suis aussi convaincu que le *Dasyloma subbipinnatum* MIQ. in *Annal. Mus. Bot. L. B.* III, *p.* 59. *Prol. Fl. Japan. p.* 247 représente parfaitement l'*Oen. javanica*. — La plante de Java est une herbe dressée, dichotomiquement ramifiée, à tige et branches sillonnées-striulées, de l'épaisseur d'une plume d'oie, avec une petite racine fibreuse. Pétioles engaînants, ou entièrement ou vers la base. Feuilles de contour triangulaires, planes, d'une texture consistante, non flaccide à l'état sec, les inférieures 8 à 10 centim. de long, à la base bipinnées, au sommet simplement pinnées (comme trisectées), les supérieures n'étant que simplement pinnées. Les pinnes (pétioles secondaires) inférieures dans les feuilles inférieures sont pétiolées opposées ou quelquefois subopposées, pinnées avec 1 ou 2 paires de segments et un lobe terminal qui est ordinairement plus profondément serré; les pinnes supérieures ou les folioles (lobes) au nombre de 3 à 4 paires et un terminal. Les feuilles supérieures, 5 à 8 cent. de long, sont pinnées à 3 à 4 paires et un lobe terminal. Tous les segments ou folioles sont ou courtement pétiolulés ou sessiles, rhombiformes-ovés aigus ou subacuminés serrés ou doublement serrés à l'exception de leur base cunéiforme, plus larges et plus conformes que dans l'espèce suivante, le lobe terminal n'est pas rarement incisé, parfois presque pinnatifide et confluent avec les latéraux, 4—1½ cent. de long, pâles en dessous, d'une texture herbacée, planes, parcourus de veines distinctes. Ombelles opposées aux feuilles, souppertées par des pédoncules de 5 à 10 cent. de long, souvent 8—10-radiées, dépourvues d'un involucre ou munies d'un petit phylle linéaire plus large vers le sommet. Rayons d'une longueur inégale, $2\frac{1}{4}$ à $1\frac{1}{2}$ cent. de long. Ombellules composées de 15 à 25 pédicelles courts, involucellées; phylles de l'involucelle un peu plus courts que les pédicelles. Fleurs ou toutes hermaphrodites ou mêlées avec quelques mâles. Fruits pâles, couronnés des dents calycinales, qui s'évanouissent à la plaine mâturité. — Quelquefois seulement les pinnes inférieures sont simplement pinnées, et je suppose qu'un tel échantillon a servi à Decandolle pour son *Oe. javanica*.

Outre les exemplaires de BLUME, nous avons des échantillons récoltés par VAN HASSELT dans l'île de *Java*, aux bords du lac sur le mont Megamendong et dans d'autres localités. ZOLLINGER le rencontra aux bords du même lac, dit Telaga Warna, situé à environ 4500 pieds.

2. OENANTHE LACINIATA ZOLLING. *Syst. Verz. p.* 139. *Sium laciniatum* BL. *Bijdr. p.* 881. *Falcaria laciniata* DC. *l. c. p.* 110. MOLKENB. *Pl. Jungh.* I. *p.* 96. *Falcaria javanica* (DC.) MOLKENB. *l. c. excl. syn. Sii javanici* BL. *Dasyloma laciniatum* MIQ. *Flor. l. c. p.* 741. *Dasyloma japonicum* MIQ. *Annal. Mus. bot. L. B.* III. *p.* 59. *Prolus. Fl. Japon. l. c.*

Racine petite fibreuse. Tige herbacée, 6 à $6\frac{1}{2}$ décimètres de haut, décombante et radicante, ascendante, du port et de la grandeur de l'espèce précédente, mais à l'état desséché flaccide, plus variable surtout pour ce qui concerne les feuilles. À cet égard on peut distinguer deux types de variation, l'une avec des segments foliaires plus étroits presque lancéolés, l'autre avec de plus larges, ovés ou rhombiformes-ovés, presque comme dans *l'Oe. javanica*, et c'est à cette variation qu' appartiennent les échantillons, nommés par Molkenboer *Falcaria javanica*, mais qui ne sont pas le *Sium javanicum* de Blume. En général cette espèce n'est pas très éloignée du *Oenanthe (Dasyloma) benghalensis* DC., que je ne connais que d'après les Icones de Wight. On la distingue dans l'herbier d'abord du *Oe. javanica* par l'état flaccide des échantillons sans examiner de plus près les caractères différentiaux. Pétioles engaînants à la base, jusqu'à 16 centim. de long, de la longueur du limbe. Feuilles à la base ou de temps en temps entièrement bipinnées, vers le sommet simplement pinnées, segments supérieurs souvent confluents; segments ou folioles sessiles ou pétiolulés ovés-rhomboides ou elliptiques, 4 à $1\frac{1}{2}$ centim. de long, à l'exception de la base cunéiforme doublement serrés comme incisés, à serratures ordinairement aiguës. Vers le haut les feuilles se montrent moins composées, étant à la fin simplement pinnées. Les segments d'autres exemplaires sont plus étroits presque lancéolés, de la même manière serrés, les plus petits $\frac{1}{4}$ à 1 centim. en longueur. La même diversité se montre dans les échantillons du Japon, mais j'ai seulement décrit *l c.* la forme à segments ovés. Ombelles ordinairement soupportées par des pédoncules allongés, mais dans le même échantillon il y en a aussi de sessiles comme dans *l'Oen. benghalensis*. Le nombre des rayons est moindre dans ceux de Bornéo et de Célébes, en général en comparant tous les exemplaires de l'Archipel, il est très variable, de 5 à 13; involucre monophylle ou nul. Ombellules pauciflores. Nos échantillons manifestent encore d'autres différences, les fenilles p. ex sont souvent jusqu'au sommet bipinnées, et ceux à feuillets ovés se montrent tous semblables à ceux de la Nouvelle-Hollande, recueillis près de Rockhampton et communiqués par le Docteur Ferd. Mueller.

Java occidental: BLUME; près de Bedojo, sur le mont Merapi dans les champs de riz: JUNGHUHN, ZOLLINGER. *Bornéo*, en Banjermasing: KORTHALS. *Célébes:* REINWARDT, et près de Toudano: FORSTEN. — *Nouvelle-Hollande boréale*

Le *Torilis scabra* DC., mentionné par ZOLLINGER (*Syst. Verz.*, *p.* 179) comme indigène sur le mont Tengger de *Java*, m'est encore inconnu.

Des *Ombellifères cultivées* aux Indes neérlandaises je puis citer:

Foeniculum vulgare GAERTN. Cultivé et comme acclimaté à *Java*, *Célébes* (sur les champs de riz secs par FORSTEN), *Banda* et *Timor*.

Daucus Carota LINN. Recueilli à *Java* par WAITZ.

Coriandrum sativum LINN. Cultivé assez généralement; entre autres nous en avons un exemplaire stérile de FORSTEN, rapporté des champs de riz secs de *Célébes*. ZOLLINGER a distribué des échantillons cultivés dans la prov. de Bondowosso de *Java*.

Observation. Horsfieldia aculeata BL., rapportée récemment aux Araliacées, a été trouvée aussi dans l'île de *Sumatra* par KORTHALS.

NYMPHÉACÉES.

BARCLAYA WALL.

1. BARCLAYA MOTLEYI HOOK. *fil. Transact. Linn. Soc. Lond. vol.* XXIII. *p.* 157, *tab.* XXI. Folia subtus in nervis cum petiolis pedunculisque hirtula, e basi leviter cordata lato- vel rotundato-ovata obtusissima, 8—9 cent. longa; sepala 5 lineari-canaliculata abrupte longe mucroniformi-cuspidata dorso pilosa; petala ext. circiter 9 linearia ½ fere connata.

Le genre *Barclaya* est une nouvelle acquisition pour la Flore de l'Archipel Indien. A l'espèce unique, publiée par Wallich et indigène à Malacca, M.

Hooker ajoute la présente, découverte à Bornéo par Motley. Vers la même époque j'ai reçu de Sumatra sous le nom de *Nymphaeae species*, une plante stérile dont j'ai fait mention dans le Supplément de ma Flore, mais bientôt après recevant le mémoire de M. Hooker j'ai cru reconnaître l'identité de mes échantillons stériles avec la plante de Bornéo, illustrée d'une figure excellente. Or, dernièrement la plante de Sumatra indroduite au Jardin de Buitenzorg y a produit des fleurs et M. Kurz l'a décrite sous le nom de *Nymphaea hirta*. En comparant sa diagnose avec le figure du *Barclaya Motleyi*, il paraît impossible de douter que la plante de Sumatra ne représente une espèce différente, si on ne veut soupçonner M. Kurz, habile observateur, de graves erreurs.

Bornéo, dans les ruisseaux des régions sablonneuses ombragées : MOTLEY, dans la prov. de Martapoura : KORTHALS, échantillons entièrement de la même grandeur et la même figure que ceux qu'on voit dessinés dans le mémoire de Hooker, dans la prov. de Sarawak : LOBB.

2. BARCLAYA HIRTA MIQ. *Nymphaea hirta* KURZ *in Natuurk. Tijdschrift voor Ned. Indië*, XXVII. *p.* 38. Folia cum petiolis pedunculisque subtus in nervis et margine brunneo-pubescenti-pilosa, e basi leviter cordata ovato-rotundata vel rotundata $5\frac{1}{2}$—7 cent. longa; sepala 6 linearia carinata obtusa vel fissa dorso hirta; petala exteriora 6 anguste linearia basi connata; stamina 30—40.

L'espèce que je viens de mentionner et qui ne m'est connue qu'à l'état stérile, offre entièrement le port de la précédente et j'aurais rapporté mes échantillons stériles à elle, si les caractères signalés par Kurz ne s'y opposaient.

Sumatra oriental, dans la prov. de Palembang, dans la région de Ipi et Battang Lekko, où les habitants la nomment Ati Ajer : TEYSMANN.

NAJADÉES.

NAJAS LINN.

1. NAJAS INDICA CHAM. *in Linnaea* IV. *p.* 105. *Caulinia* WILLD. *Act. Acad. Berol.* 1798, *p.* 89. *tab.* I. *fig.* 3. *N. tenuifolia* R. BR., MIQ. *Flor. Ind. bat.* III. *p.* 224.

Var. macrodictya AL. BRAUN *in herb. nostro.*

Ile de *Soumbawa*, dans la petite rivière Oudan : ZOLLINGER. — *Java?*

Var. rigida AL. BRAUN *ibid.*

Célébes, dans le lac de Gorontalo, 29 Sept. 1841 : FORSTEN.

2. NAJAS GRAMINEA DELILE *Aegypt. p.* 138. *tab.* 50 *fig.* 3, *teste* AL. BRAUN *in herb. nostro.*

Java : TEYSMANN et DE VRIESE. *Célébes*, près de Tondano dans la prov. de Menado : TEYSMANN. *Amboina*, dans le jardin du Gouverneur : ZIPPELIUS, DE VRIESE (Caulinia sp. ex GRAY). Croît aussi dans le *Bengal* d'après les échantillons de HOOKER *fil.* et THOMSON (N. minor).

HALODULE ENDL.

1. HALODULE AUSTRALIS MIQ. *Fl. l. c. p.* 227. ASCHERS. *in Linnaea* XXXV *p.* 163.

Sousmergée et rampante sur les plages de la mer, à l'île de *Bima* et *Barre* (*Soumbawa*) : ZOLLINGER. Aussi près de *Madagascar*, dans le *Golfe Arabique* et aux îles *Mariannes*.

HALOPHILA THOUARS.

1. HALOPHILA OVALIS HOOK. *fil. Fl. Tasm.* II. *p.* 45. ASCHERS. *l. c. p.* 173.

var. α ovata GAUDICH. (species) ASCHERS. *l. c. H. major* MIQ. *l. c. p.* 230.

Aux rivages sur les sables sousmergés près de *Kambing au golfe de Bima*, île *Soumbawa* : ZOLL. herb. *n.* 3430, stérile.

var. β minor ASCHERS. *l. c. p.* 174. *Halophila Lemnopsis* MIQ. *l. c.*

Ile de Flores, sousmergée et rampante sur les sables aux rivages près de Bari : ZOLL. *n.* 3334, et à *Poulou Kambing*, petite île dans le golfe de Bima près de *Soumbawa :* ZOLLINGER.

POTAMOGETON LINN.

Dans le troisième volume de la Flore des Indes Néerlandaises j'en ai énuméré quatre espèces, dont trois ne se trouvent que dans les régions voisines du domaine de cette Flore, la quatrième, une espèce nouvelle de Java, établie par HASSKARL, ne m'étant connue que par la description publiée par l'auteur. Depuis cette époque notre connaissance des Potamogétons dans la Flore des Indes insulaires a été enrichie de quelques découvertes.

1. POTAMOGETON NATANS LINN. *Forma indica* MIQ. *Fl. Ind. bat. Suppl.* I. p. 259 *et* 597.

En comparant les différentes formes que nous offre cette espèce cosmopolite, je n'en puis pas séparer la présente variété. Comme la forme découverte par Hooker en Khasia, elle se caractérise par un port plus tendre, des feuilles plus petites, des tiges graciles, presque dépourvues des feuilles sousmergées; en outre les feuilles nageantes sont plus ou moins elliptiques au sommet aiguës, à la base aiguës ou presque aiguës, coriaces, de la même texture que l'espèce, 4 centimètres de long, ordinairement 13-plinervées, c'est-à-dire à chaque côté du nerf principal naissent 6 nervures latérales tendres dans la partie moyenne inférieure de la feuille. À cet égard on trouve une différence remarquable dans les différentes variétés de cette espèce, p. ex. dans les formes à feuilles larges un nombre plus grand, dans la forme à feuilles plus étroites ordinairement trois des nerfs latéraux sont plus prononcés que les autres alternant avec eux.

Sumatra, près d'Alahan pandjang, dans le lac Dano di Attas: TEYSMANN.

2. POTAMOGETON SUMATRANA MIQ. *Fl. Ind. bat. Suppl.* I. p. 259 *et* 597.

Cette espèce, dont j'ai publié la diagnose dans l'ouvrage cité se rapproche par les feuilles longuement pétiolées du groupe du *P. natans, oblonga etc.*, mais par la texture des feuilles toutes sousmergées et leur nervation elle a sa place parmi les *homophyllae*; je ne trouve aucun indice des feuilles émergées. Tiges et branches cylindriques. Feuilles 11-pli- à 13-pli-nervées, 8 à 9 centimètres de long, 2 de largeur, à l'état sec d'une couleur brunâtre presque noirâtre, membraneuses, légèrement transparentes. Les pédoncules cylindriques, peu épaissis, 4—5 centim. de long; épis 4 centim.; fleurs pas très rapprochées, irrégulièrement subverticillées. Les sépales se montrent vers la base abruptement rétrécies, du reste presque arrondies et concaves. Fruit inconnu.

Sumatra, dans les fossés près de Padang et près de Padang Pandjang dans le grand lac de Singkara, où elle est presque la seule plante phanérogame aquatique: TEYSMANN.

3. POTAMOGETON MALAIANA MIQ. *n. sp.* Caulis teres parce ramosus submersus; folia alterna petiolo duplo vel triplo longiora e basi acuta aut obtusula lanceolata vel rarius elliptico-oblonga acuta, tenuiter membranacea 13-pli- 11-plinervia, nervo medio valido, lateralibus teneris transverse venosis, infimis abbreviatis, superioribus tantum ad apicem perductis, quibusdam vulgo paullo fortioribus; stipulae connatae a petiolo liberae lanceolatae; pedunculus axillaris validus elongatus,

spica sublaxiflora multoties longior; sepala brevissime unguiculata rotundata lata coriacea.

L'aspect des feuilles semblable au *P. lucens*, ou comme des feuilles sous-mergées du *P. rufescens*, à l'état sec d'une couleur verte transparente. Pétioles cylindriques 3 à 6 centim. de long; feuilles 12 à 14 de long, $2\frac{1}{2}$ à 4 de large, à l'exception de quelques-unes plus larges et plutôt elliptiques-oblongues. Stipules 5 centim. de long. Pédoncules un peu épaissis vers le sommet, 17 centim. de long; épis $4\frac{1}{5}$ centim. — N'ayant pas pu rapporter cette espèce à une des Potamogétons décrites, je me vois forcé de l'énumérer comme nouvelle. Elle diffère de la précédente par sa tige ramifiée, les pétioles plus courts en rapport avec la feuille, la texture des feuilles plus mince membraneuse, par les pédoncules beaucoup plus allongés et aussi par la forme des sépales.

Célébes, dans la prov. Menado près de Tondano, probablement dans le lac qui porte ce nom: TEYSMANN.

Var. β tenuior, foliis tenuioribus angustioribus elliptico-lanceolatis subacuminatis. *P. indicus* (ROXB.) JUNGH. *Itiner.*

Nos échantillons sont stériles, mais trop conformes avec l'espèce pour les séparer.

Java, dans le lac Telaga Patengan au mois de Juillet: JUNGHUHN.

4. POTAMOGETON PECTINATA LINN., KOCH *Synop. Fl. Germ. ed. 2. p.* 780.

En rapportant à cette espèce des échantillons stériles, je dois conserver des doutes parce que sans l'examen des fruits la différence entre cette espèce et le *P. marina* LINN. ne peut pas être fixée. Cependant en comparant nos échantillons avec des exemplaires de ces deux espèces, je préfère considérer notre plante comme le *P. pectinata*, trouvé aussi par Hooker dans l'Inde anglaise. Comme la plupart des espèces de ce genre elle a une distribution très large; elle se trouve p. ex. aussi aux Indes occidentales dans l'île de Cuba (GRISEB. *Cat. Pl. Cub. p.* 218).

Célébes, dans la province de Menado, où elle est très abondante dans le lac de Tondano: TEYSMANN.

5. POTAMOGETON PUSILLA LINN., KUNTH *Enum.* III. *p.* 136.?

Des échantillons stériles et pour cette raison douteux, quoique représentant parfaitement cette espèce, ont été trouvés par JUNGHUHN dans le lac Telaga Patengan de *Java*.

Le *Potamogeton javanica* HASSK., MIQ. *Fl. Ind. bat.* III. *p.* 750 m'est encore inconnu. À en juger d'après la description il paraît être la même espèce qui se trouve dans l'herbier Indien de Hooker fil. et Thomson (de Khasia) comme *P. hybrida* MICHX ? et qui croît aussi au Japon (*Prolusio Fl. Jap. p.* 325), espèce très distincte par les trois carènes au dos du fruit. Mais n'ayant pas pu comparer un échantillon authentique de l'espèce américaine et Hooker exprimant lui-même des doutes sur la déterminaison de la plante de Khasia, je n'ose rien décider. À la même espèce appartient probablement d'après la diagnose le *P. tenuicaulis* FERD. MUELLER (*Fragm. Phytogr. Arstr.* I. *p.* 90 *et* 242), qui, selon Tuckerman, serait une bonne espèce, et comme cette assertion vient d'un botaniste américain distingué qui s'est occupé soigneusement des Potamogétons de l'Amérique, on serait porté à croire que le *P. javanica* (nom qui a la priorité) représente une espèce distincte, répandue dans toute l'Asie australe et dans la Nouvelle-Hollande. — Le *P. indica* ROXB. *Fl. Ind.* I. *p.* 452 me paraît avoir des rapports avec cette même espèce ou avec les formes indiennes du *P. natans.*

JUNCAGINÉES.

SCHEUCHZERIA LINN.

SCHEUCHZERIA PALUSTRIS LINN., KUNTH *Enum.* III, *p.* 146. *Sch. asiatica* MIQ. *Fl. Ind. bat.* III. *p.* 243.

Ayant comparé une bonne série d'échantillons de *S. palustris* je me suis convaincu que mon espèce n'en diffère par aucun caractère essentiel. En outre j'ai encore des doutes sur l'origine même de notre plante. Les trois échantillons que nous en possédons, se trouvent dans l'herbier de KORTHALS avec une étiquette inscrits „Rekochia" (?), sans localité ou autre indication quelconque. Mais à juger d'après la forme de l'étiquette, je suis porté à croire qu'ils viennent de Java, et que le nom cité se rapporte plutôt à un genre à établir qu'à une localité. Quoi qu'il en soit, c'est une question à résoudre par des recherches futures. — L'espèce elle-même, dispersée dans les régions boréales et les Alpes de l'Europe et de l'Amérique, aurait, si les dits échantillons viennent des montagnes de Java, une station nouvelle très-remarquable.

ALISMACÉES.

SAGITTARIA LINN.

1. SAGITTARIA SAGITTIFOLIA LINN., KUNTH *Enum.* III. *p.* 156.

Varietas leucopetala MIQ. — *Sagittaria sagittifolia* (L.) ROXB. *Flor. Ind.* III. 645. *S. hirundinacea* BL. *Enum.* I. *p.* 34. HASSK. *Pl. Jav. rar. p.* 103. MIQ. *Fl. Ind. bat.* III. *p.* 241. Petalis totis albis; carpellis obovato-cuneatis apice truncatis, caeterum alulatis, ala hinc subsemicirculari, illic rectiore in apicis angulum productiorem continuata; foliorum lobis falcato-lanceolatis acuminatissimis parte indivisa latiore ovato-triangulari brevi-acuminata longioribus; racemis simplicibus raro basi ramulo auctis; verticillis inferioribus 4—6 femineis, reliquis fere totidem masculis.

Cette variété que ROXBURGH et HASSKARL ont exactement décrite, paraît assez constante et croît probablement aussi au Japon (*var. longiloba* TURCZ. *et m. in Prolus. Fl. Jap. p.* 70 *et* 356). Non seulement par rapport à la variabilité des feuilles elle se rapproche de l'espèce analogue de l'Amérique (*S. variabilis* A. GRAY *Manual ed.* I, dans laquelle M. ENGELMANN reconnaît plusieurs espèces), mais aussi par l'absence de la couleur rouge à l'onglet des pétales. Mais les échantillons de Java diffèrent par la figure des carpelles mûrs, qui se rapproche plutôt de la forme ordinaire en Europe que de l'espèce américaine; ainsi elle est presque intermédiaire entre ces deux espèces et je serais disposé à considérer le *S. variabilis* comme une variété géographique du *S. sagittifolia.* — Dans les échantillons de Java la grandeur des feuilles est très variable, mais la forme en est assez constante; dans les grandes la partie indivisée a 11 centim. de long, à la base 10 de large, les lobes depuis l'insertion du pétiole 16 centim. en longueur, sur 4—4½ de largeur à la base; dans les petites feuilles la partie indivisée 5, les lobes 7 de long. Les fleurs constamment pédonculées n'offrent aucune différence remarquable avec l'espèce de l'Europe; verticilles triflores; les capitules fructifères mûrs ont 2 centim. en diamètre; carpelles 4—4½ millim. de long; au bord convexe de l'aile la marge est munie de très-petites denticules irrégulières. Selon JUNGHUHN le suc de la plante est laiteux.

Java, près de Batavia: BLUME, JUNGHUHN, celui-ci la trouva au mois de Janvier avec des fruits mûrs. Les indigènes appellent cette plante et les suivantes Alismacées „Ethjeng"; BLUME lui donne le nom de „Bea Bea."

LOPHIOCARPUS KUNTH. (*Sagittariae sectio*).

Pour conserver des limites suffisantes entre les genres *Alisma* et *Sagittaria*, selon les caractères de l'hermaphroditisme ou des sexes séparés, différence généralement reconnue depuis Linné, il faut séparer un petit groupe, que KUNTH a établi comme section du *Sagittaria*, en avouant toutefois qu'il offre plus d'affinité avec la section *Echinodorus* du genre *Alisma*. Cependant ce groupe diffère du *Alisma* par les fleurs polygames ou monoïques, c'est-à-dire des fleurs hermaphrodites avec des fleurs mâles ou presque mâles dans la même inflorescence, offrant ainsi des caractères intermédiaires entre le *Sagittaria* et l'*Alisma*. En outre le Lophiocarpus est caractérisé par une forme particulière des carpelles, qui sont comprimés, ailés, et dont l'aile est profondément dentée en forme de crête.

1. LOPHIOCARPUS LAPPULA MIQ. *Sagittaria Lappula* DON *Prodr. Fl. Nep.* p. 22. *S. pusilla* BL. *Enum.* I. p. 34. *S. Blumei* KUNTH *Enum.* III. p. 158. MIQ. *Fl. l. c.* p. 242. *S. obtusissima* HASSK. *Cat. bog.* p. 152. — *S. triflora* Noronh. *Verh. Bat. Gen.* V. p. 84 (*non nisi nomen*)? Parvula; folia ima quaedam phyllodina linearia obtusa, deorsum angustata, reliqua (natantia?) graciliter petiolata lato-ovata apice rotundata, tenuiter 11-nervia, basi profunde subsagittato-cordata, sinu acuto magis minusve aperto, lobis parte indivisa parumper brevioribus acutis vel obtusis; pedunculus petiolis paullo brevior, subumbellato- tri- raro- biflorus; pedicelli bracteam ovatam parumper excedentes; flores 2 coaetanei hermaphroditi, tertius paullo serius evolutus masculus, 7—10-ander?

Annuelle; racine très-petite, fasciculée, à fibres simples; les feuilles phyllodines tendres, 4 à 5 centim. de long, $\frac{1}{4}$ de large. Pétioles des feuilles normales 8—15 cent., graciles, engaînants vers la base; le limbe avec les lobes 3 à 5 cent. en longueur, $2\frac{1}{4}$ à $3\frac{1}{2}$ de large. Bractées ovées concaves; sépales arrondies-ovées, $\frac{1}{2}$ à $\frac{3}{4}$ cent., persistantes. Dans une fleur mâle mal conservée j'ai trouvé 7 étamines, mais quant à la présence des carpelles abortifs, je suis resté incertain. Pétales blanches. Les carpelles des fleurs hermaphrodites, qui forment à la maturité un capitule serré, sont d'une couleur pâle, applatis, plus ou moins arrondis, 4 millim. en diamètre, environnés d'une marge dentée en crête.

Java, près de Batavia, dans les champs de riz: BLUME, dans les marais à Tjikoya: ZOLLINGER — Probablement aussi dans l'île de *Sumatra*.

2. LOPHIOCARPUS CORDIFOLIA MIQ. *Sagittaria cordifolia* ROXB. *Fl. Ind.* III. p. 647. KUNTH *Enum.* III. p. 161. MIQ. *l. c.* Folia phyllodina nulla (in nostris),

reliqua longe petiolata forma uti praecedentis, sed majora crassiora nervis 11 distinctioribus provectiorum prominentibus; pedunculus petiolo vulgo brevior in racemum 2—5-verticillatum terminatus; flores inferiores hermaphroditi, 7-andri multicarpellati, superiores masculi cum paucis carpellis (probabiliter sterilibus).

Au premier abord cette espèce se montre très-différente de la précédente par sa stature plus grande, plus robuste, par l'inflorescence assez allongée et composée de plusieurs verticilles, par les fleurs plus grandes, et le nombre beaucoup plus considérable de carpelles mûrs qui forment un gros capitule; un ensemble de différences qui laisserait peu de doute qu'elle ne constitue une espèce bien établie. Et cependant je n'en suis pas encore convaincu, vu la variabilité extrême des espèces de cet ordre. Or en analysant de plus près les différences de ces deux espèces, c'est presque uniquement la grandeur des parties et l'inflorescence plus développée du *L. cordifolia* qui lui donnent un port particulier. — La racine est plus forte, composée de fibres rousseâtres à l'état sec; pas de phyllodes; pétioles jusqu'à 25 cent. de longueur ou plus longs encore; le limbe parfaitement de la même figure que chez la précédente, mais notablement plus grand, p. ex. 8 cent. de long, 6 de large, dans les échantillons de Java jusqu'à 10 cent. de long, 9 de large, d'une texture plus épaisse et à l'âge avancé muni de nervures saillantes. Pédoncule 30—34 cent. de long, terminé d'un racème de 14 à 20 centim., verticilles triflores comme dans le *L. Lappula*. Van Hasselt a noté d'après le vivant: „calyce triphylle caréné; corolle tripétale blanche. Étamines 10 (je n'en ai trouvé que 7); capsules uniloculaires monospermes." Dans ses échantillons je trouve dans les fleurs supérieures mâles 7 étamines, à anthères jaunes, filaments applatis vers la base, environnant quelques carpelles stériles, comme le décrit Roxburgh; les fleurs hermaphrodites sont toutes défleuries. Sépales ovées-arrondies; pétales obovées. Les carpelles mûrs en nombre fort considérable, mais quant à la forme et à la grandeur peu différents de ceux de la première espèce.

Java, près de Tanara, à feuilles nageantes: van Hasselt. — *Sumatra occid.:* Korthals, des échantillons un peu plus petits, et entremêlés de quelques exemplaires de la précédente espèce.

HYDROCHARIDÉES.

HYDRILLA L. C. RICH.

1. Hydrilla verticillata Caspary *in Pringsheim Jaherbüch. d. wiss. Bot.* 1. *p.* 494. Miq. *Fl. Ind. bat. Suppl.* I. *p.* 597.

Var. α Roxburghii CASP. *l. c. p.* 494. — *H. ovalifolia* RICH., MIQ. *Fl. Ind. bat.* III. *p.* 235 (ubi errore typ. folia usque 8 poll. longa dicta).

Java: ZOLLINGER *herb. n.* 125^b. — Pour ne pas trop multiplier le nombre des variétés de cette espèce extrêmement variable, je rapporte ici une forme très-condensée, à internodes de $\frac{1}{3}$—1 centim. de longueur, à feuilles inférieures quaternes, les supérieures jusqu'à 8^{nes}, lancéolées aiguës, serrées, plus rigides, 1 centim. de long, 4 mm. de large, découverte par REINWARDT dans le lac de Limbatto dans l'île de *Célébes*. DE VRIESE a rapporté des échantillons de la même île, à feuilles 4^{nes} ou 6^{nes}, ou elliptiques ou spatulées-linéaires, ponctuées comme des glandes brunâtres, propriété qui se trouve aussi dans d'autres formes.

Var. β longifolia CASP. *l. c. p.* 497. — *H. najadifolia* ZOLLING. *et* MORITZ. *Syst. Verz. p.* 91 (a. 1846), ZOLLING. *Verzeich. p.* 69. MIQ. *Fl.* III. *p.* 234 cum syn.

C'est la variété la plus ordinaire dans les îles de l'Archipel, appelée à Java „Ganjoung tjai" ou „Ethjeng," caractérisée sourtout par ses feuilles assez allongées linéaires aiguës.

Java, près de Batavia et en Bantam: BLUME, dans la rivière Tjiberrem: VAN HASSELT, dans les ruisseaux sur le mont Gedé à 3500 pieds d'élévation, près de Tjikoya et de Buitenzorg: ZOLLINGER, dans les ruisseaux près de Gounoung Gambing, dans le cimetière chinois près de Batavia: JUNGHUHN, échantillons à feuilles de 4 à 5 centim. de long. Ile de *Lombok*: ZOLLINGER. *Célébes*, dans le lac de Gorontalo: FORSTEN, échantillons incrustés d'une couche épaisse de Carbonate de Chaux, matière qui dans cette île incruste très-souvent les plantes sousmergées. *Sumatra*, partie occidentale, dans le district de Barous: TEYSMANN. — Dans tous nos échantillons, dont plusieurs sont stériles, je n'ai trouvé que des fleurs femelles. Les ovules offrent une nucelle ovoïde jaunâtre épaisse non transparente, tandis que les intéguments sont composés d'une simple couche de cellules légèrement verdâtres, arrondies et transparentes. La figure que M. CASPARY en a donnée, plutôt schématique, représente les intéguments trop épais en comparaison rapport avec la nucelle.

2. HYDRILLA ALTERNIFOLIA MIQ. *n. sp.* Ramosa e caulibus interne radicans dense caespitosa; folia alterna, raro unilateraliter bina, rarius exacte opposita, ad ramificationes pauca conferta, semiamplexicaulia, linearia versus apicem angustata acutissime subacuminata, cellulis exsertis argutissime serrulata, viridula; spathae femineae axillares solitariae sessiles longae tereti-angulatae ore bidentulae firmae virides, tubum perigonii filiformem dimidium fere includentes; perigonii lobi 3 exteriores hyalino-viriduli lanceolati acuti interioribus subspathulato-oblongis

apice obtusis deorsum attenuatis teneris coloratis? duplo breviores; ovula in placentis tribus singulis 5—7 anatropa.

Cette Hydrocharidée remarquable, découverte dans l'île de *Bornéo* par KORTHALS, paraît au premier abord se rapprocher du *Lagarosiphon* ou du *Nechamandra* par la disposition des feuilles, mais la structure des fleurs femelles (je n'ai rien trouvé des mâles) lui assigne plutôt sa place dans le genre *Hydrilla*. Quoique je n'aie pu trouver que quelques fleurs femelles mal conservées, je me suis convaincu que les ovules sont anatropes, mais quant à la direction de l'exostome il m'a paru que dans toutes il est tourné au sommet de l'ovaire, étant du reste de la même structure que chez le *Hydrilla verticillata*. Les stigmates étaient trop détruits pour en déterminer exactement la figure. — Comme la précédente elle forme des touffes ou gazons sousmerges jusqu'à 25 centim. de haut, d'un aspect vert, poussant de la base des tiges ou branches des racines filiformes simples axillaires. Tiges ramifiées, branches alternes plus ou moins fastigiées, poussant quelquefois des ramules courtes, qui sont ordinairement celles qui produisent la fleur. Internodes de 3 à 10 millim. de long, pâles, les inférieurs ordinairement plus longs que les supérieurs, d'où les feuilles au sommet des branches sont très rapprochées comme imbriquées. Feuilles sessiles semiamplexicaules très-souvent alternes, quelquefois deux rapprochées à l'un côté du noeud, quelquefois aussi parfaitement opposées, à l'origine d'une ramification trois ou plusieurs rapprochées, linéaires, à la base légèrement rétrécies, vers le sommet angustées et très aiguës, aiguement serrulées, chaque serrature étant formée par quelques cellules dont les inférieures (quatre) faisant plutôt partie du parenchyme de la feuille, sont régulières d'une forme tetragone, une cinquième, constituant plus proprement la denticule, est conique aiguë, légèrement courbée; une nervure médiane parcourt la feuille entière, comme une strie opaque, tandis que le parenchyme est assez transparent et d'un vert pâle. La grandeur des feuilles n'est pas constante, les inférieures ordinairement plus distantes, un peu plus courtes et plus étroites, les supérieures atteignant 5 cent. de longueur, 2—1½ mm. de largeur. Deux stipules très petites axillaires sont cachées à la base de la feuille; elles sont d'une forme elliptique, surmontées d'une petite pointe. Spathe féminine étroite droite, égale pendant la floraison, à l'état fructifère un peu gonflée à la base, du reste anguleuse presque tetragone, les angles d'une texture plus épaisse et d'une couleur plus verte, entre eux la paroi est amincie et se déchire si facilement que l'on pourrait regarder la spathe comme fendue en longueur; au sommet deux angles se terminent en forme d'une petite dent, d'où l'orifice de la spathe se présente comme bidenticulé ou à l'état maturescent comme 4-denticulé. Tube du périgone avec l'ovaire 3—3½ centim. de long, filiforme, pour la moitié caché dans la spathe; alabastre du limbe ellipsoïde; lobes extérieurs à préfloraison valvaire, dans la fleur d'un vert pâle, 3 mill. de long; les intérieurs tendres comme réticulés par les parois des cellules, flaccides, à l'état sec pâles comme légèrement bleuâtres, disparaissant après la floraison, tandis que le tube avec les trois lobes extérieurs persistent longtemps. Le style est libre dans le tube périgonial. L'ovaire à parois celluleuses, transparent, de forme lancéolée, montrant trois placentas striiformes, d'où naissent les ovules anatropes; funicule presque nul; intéguments extrêmement minces tendres hyalins, nucelle solide opaque, d'une couleur jaune.

Ile de *Bornéo*, dans la province de Martapoura: KORTHALS.

Observation. Une seconde espèce alternifoliée sera peut-être représentée par une plante trouvée par HOOKER *fil.* et THOMSON dans l'Inde continentale, au Silhet à 4000 pieds d'élévation, distribuée comme *Blyxa?*, différant de la nôtre par des feuilles plus distantes, plus étroites, plus obscurément serrulées, par le tube périgonial féminin pas pour la moitié enclos dans la spathe, avec l'ovaire 5 centim. de long, pendant que la spathe n'a que 2 centimètres; l'échantillon offre l'ovaire grossifiant, un périgone défleuri, montrant seulement les trois lobes extérieurs qui sont plus petits que dans notre espèce. À cette plante de Silhet se rapproche beaucoup l'espèce du Japon que j'ai décrite sous le nom d' *H.? japonica* (*Prolus.* p. 159), et qui a des feuilles alternes, opposées et verticillées.

Observation. Le Vallisneria spiralis, si répandue dans toute l'Asie australe jusque dans la Nouvelle-Hollande, n'a pas encore été rencontrée dans les îles de l'Archipel.

BLYXA THOUARS.

1. BLYXA OCTANDRA PLANCH. — *Blyxa Roxburghii* RICH., MIQ. *Fl. Ind. bat.* III. *p.* 237. *Suppl.* I. *p.* 598. *Prolus. Fl. Japon.* (ex *Annal. Mus. bot. L. B.*) *p.* 159. *Bl. javanica* HASSK. *Cat. Horti Bog. p.* 34. *Tijdschr. v. Nat. Gesch.* X. *p.* 121 (*absque diagnosi*).

Plusieurs de nos échantillons surtout ceux de Sumatra, sont très ressemblants par rapport à la grandeur et à leur couleur noirâtre dans l'état desséché à ceux du Bengal, distribués par HOOKER *fil.* et THOMSON; d'autres offrent des feuilles plus étroites. Du *Blyxa javanica* nous avons des exemplaires stériles du Jardin botanique de Buitenzorg, caractérisés par des feuilles beaucoup plus allongées, de 5 décimètres de long, à l'état sec verdâtres et luisantes, mais comme la longueur des feuilles varie selon ROXBURGH de 9 à 36 pouces et ne trouvant aucune autre différence, je n'hésite pas de réunir le *Bl. javanica* au *Bl. octandra*.

Java: HASSKARL. *Sumatra occidental:* KORTHALS (sous le nom d'Elodea Michauxii), près de Siboga dans la même région, aussi dans l'île de *Bangka* près de Jebous, où les indigènes la nomment Seri-banjou: TEYSMANN.

ENHALUS L. C. RICH.

1. ENHALUS ACOROIDES STEUD., ASCHERS. *in Linnaea* XXXV. *p.* 158. *Enh. Koenigii* RICH., MIQ. *Fl. l. c. p.* 237. *Suppl.* I. *p.* 598.

Les pédoncules féminins sont souvent roulés en spirale autour de quelques feuilles environnantes.

TEYSMANN en recueillit des échantillons dans le golfe de Tapanouli au nord de *Sumatra* et sur les rivages de l'île de *Ternate*. Plusieurs autres localités sont énumérées dans ma Flore; il paraît être répandu de l'île de *Sumatra* jusque dans les *Moluques*; les fruits servent de nourriture aux habitants, tandis que les fibres des feuilles fournissent du matériel textile.

HYDROCHARIS LINN.

1. HYDROCHARIS ASIATICA MIQ. *Fl. Ind. bat.* III. *p.* 239. *Prolus. Fl. Jap. p.* 160.

Cette espèce établie d'après des échantillons envoyés du Jardin botanique de Buitenzorg, avait été énumérée avec doute comme plante javanaise, mais dans le dernier Catalogue du Jardin de Buitenzorg p. 33, elle est signalée sans hésitation comme telle, avec le nom indigène de „Ehtjeng lalakki." — Indigène au *Japon* elle pourrait avoir été introduite à Java.

OTTELIA L. C. RICH.

1. OTTELIA ALISMOIDES RICH., MIQ. *Fl.* III. *p.* 240. *Suppl.* I. *p.* 598. (*Prolus. Fl. Jap. p.* 160?)

Les pétioles sont toujours très-allongés surpassant de beaucoup le limbe, dont la forme est très variable; p. ex. réniforme-arrondie, tronquée à la base, ou ovée, oblongue, au sommet obtuse, aiguë ou presque acuminée; pédoncules très-allongées; spathe fructifère 4—6 centim. de long, avec deux ailes beaucoup plus larges que les autres; de son orifice sort le tube persistant du périgone cylindrique assez large et d'un aspect robuste.

Java, près de Batavia: BLUME, JUNGHUHN, en Priangan: ZOLLINGER. *Sumatra*, près de Padang Sidempouan, où on l'appelle „Kalago": TEYSMANN. *Bornéo*, dans la prov. de Banjermassing: KORTHALS. *Célébes*, en Ménado: TEYSMANN. — La plante du Japon diffère beaucoup de l'espèce indienne dans l'organisation de la spathe.

2. OTTELIA JAVANICA MIQ. *Fl.* III. *p.* 240. *Damasonium javanicum* BL. *Enum.* I. *p.* 30. ZOLLINGER *Verzeichn. p.* 65. Folia petiolum circiter aequantia lato-vel subreniformi-ovata obtusa vel obtuso-apiculata, basi leviter cordata, 9-nervia; spatha lanceolata matura lato-elliptica ore inaequaliter 5-dentula, 5-alata, alis 2 latioribus; perigonii tubus tenuis partim exsertus, lobis 3 ext. lineari-lanceolatis.

Quoi qu'il soit dangereux d'établir une espèce très-voisine d'une autre reconnue comme très-variable, je n'ai pas osé réunir *l'O. javanica* publiée premièrement par BLUME, avec la précédente, ne voulant me méfier ni de l'autorité de l'auteur ni de celle de ZOLLINGER et ZIPPELIUS qui ont observé ces deux espèces dans leur patrie et se sont conformés à les considérer comme distinctes. — Les échantillons sont tous plus petits (ce qui pourrait dépendre de la moindre profondeur de l'eau); les pétioles de 8—11 centim. de long, engaînants à la base; feuilles jamais oblongues, ni aiguës, souvent arrondies au sommet, à la base presque cordiformes, ordinairement plus larges que longues, p. ex. 7 à 9 centim. de long, 8 à 10 de large, mais du reste comme celles du *alismoides*; pédoncules dans la même proportion en longueur que les pétioles; spathe plus petite $2\frac{1}{4}$ centim. de long, à la floraison assez étroite, peu ailée, à l'état mûr large en raison de la longueur, $3\frac{3}{4}$ centim. de long, à ailes latérales très développées; le tube du périgone, sortant après la floraison en dehors, est plus gracile. VAN HASSELT a noté d'après le vivant: „spatha integra 5-alata, alis undulatis, marginalibus 2 oppositis majoribus, inter alas carina denticulata; fructus 9-locularis; calyx superus triphyllus viridis, corolla alba apice caerulea; stamina 8; stigmata bipartita, lobis inaequalibus; caulis [pedunculus] 5-gonus."

Java, près de Trongan: REINWARDT, BLUME; dans les champs de riz près de Tjikandi: VAN HASSELT. Sous le nom de *Damasonium timorense* ZIPPELIUS en a rapporté des exemplaires de *Timor*, à feuilles 8—10 centim. de long, jusqu'à 15 de large; pétioles 14 centim.; spathes mûres de 3 à 4 centim., ailes latérales 1 cent. de large; tube périgonial gracile. J'ajoute ici la diagnose de ZIPPELIUS. En nommant les fleurs jaunes (comme SIEBOLD a aussi annoté pour une plante du Japon que j'ai associée à l'O. alismoides) je pense que cette expression se rapporte plutôt à la spathe qu'au périgone. — *D. timorense* ZIPP. „foliis radicalibus rosulatis cordato-reniformibus 7—9-nerviis margine leviter undulatis, supra excavato-laxe reticulatis, subtus bullulatis, alarum spathae 3—4 quinta abortiva inaequales undulato-crispae, floribus luteis. Petioli basi vaginanti-dilatati." „In stagnis prope Kupang."

SUR QUELQUES GENRES DES CYPÉRACÉES DE LA TRIBU DES HYPOLYTRÉES.

Dans le 1er Supplément de la Flore Indo-batave j'avais placé sous le genre *Lepironia*, composé jusqu'alors d'une seule espèce, cinq espèces de Cypéracées de la tribu des Hypolytrées, convaincu qu'elles n'offraient, sauf quelques légères modifications d'une valeur plutôt spécifique que générique, aucune différence essentielle du *Lepironia* Seulement elles présentent un port très-différent, tant par son inflorescence plurispiculée, que par la présence de feuilles normales souvent fort développées, qui au contraire chez le *Lepironia mucronata*, espèce archétype à chaume unispiculé, sont réduites à des gaînes raccourcies. Mais en vue des nombreux genres des Cypéracées, reconnus comme très-naturels et qui nous offrent une plus grande diversité encore du port et de l'inflorescence, depuis la spicule solitaire jusqu'à l'inflorescence composée d'un nombre infini d'épillets, comme p. ex. les *Scirpus*, *Fimbristylis*, *Carex*, je me suis laissé guider par les principes généralement adoptés dans la classification des Cypéracées en me fondant uniquement sur la structure des spicules et les caractères de la fleur. *

M. S. Kurz qui avait de nouveau examiné les mêmes espèces, m'a communiqué, il y a plusieurs années déjà, un mémoire accompagné de dessins, dans lequel il en a élevé quelques-unes au rang de genres, en réduisant d'autres au genre *Pandanophyllum* de Hasskarl. Le savant auteur n'a pas changé d'opinion depuis cette époque, car il vient de publier son mémoire dans le *Journal of the Asiatic Society of Bengal* (vol. 38, 2de partie, p. 70 suiv.).

Cependant j'avais eu l'occasion d'étudier plus soigneusement la structure du *Pandanophyllum*, qui, lors de la publication de ma Flore, était encore très-obscure et cet examen m'a prouvé l'intime affinité, qui réunit ce genre avec le *Lepironia*,

---

* "Lepironiae generi, ab Hypolytreis haud removendo et Pandanophyllum probabiliter includente, secundum unicam speciem olim extracto, superiores species, utut habitu discrepantes, omnes autem florum fabrica arctissimo connubio junctas, adscribendas esse vix est quod dubitem. Squamularum internarum numerum ad sex descendere stirpesque etiam trigynas admittendas esse, naturali generis characteri haud repugnare censeo. In omnibus squamulae (i. e. bracteolae) ita dispositae sunt ut 2 exteriores naviculares dorso ciliatae valvatim sibi arctissime appositae reliquas interiores, quarum numerus in eadem specie et iisdem spiculis paullisper variat, cum genitalibus arctissime amplectant, ulteriore evolutione a se invicem removendae. In Lepironia squamulae hae masculae statuuntur, stamen vel stamina concomitantes, pistillum flos fem. nudus censetur, in Hypolytro contra, ubi interiores squamulae desunt, ab auctoribus flos hermaphroditus perhibetur. Tam grave discrimen revera haud adesse, et utrumque genus eidem morphonomiae subjectum esse crederem, ita ut Hypolytri flosculos etiam e femineo nudo et lateralibus masculis conflatos statuere oporteat, saltem si Lepironiae flosculos eodem modo explicare velis" (l. c. p. 604–605).

et la nécessité de réduire à ce genre tant le *Pandanophyllum* que les nouveaux genres établis par M. Kurz. Je pense que si toutes ces espèces avaient été découvertes à une même époque, et que le hasard n'eût pas voulu que l'espèce la plus simplifiée, le *Lepironia mucronata*, le fût avant les autres, on n'aurait jamais douté de leur congénérité. M. Kurz attribue une haute valeur aux akènes ou osseux ou drupacés, c'est-à-dire dont la couche extérieure devient charnue. Mais en comparant les akènes de plusieurs espèces, je ne puis pas être du même avis. D'abord cette différence est souvent très-difficile à constater, car dans les péricarpes non encore mûrs on distingue toujours deux couches, dont l'intérieure s'ossifie, l'extérieure s'amincit et se desséche à différents degrés ; jamais elle ne devient succulente à un tel degré qu'on puisse l'appeler drupacée dans les espèces de *Lepironia* et *Pandanophyllum*, bien qu'on rencontre un état pareil dans le *Scirpodendron* et le *Diplasia*, où la couche extérieure est très développée subéreuse ou charnue, à l'état vivant probablement succulente.

En faisant une étude comparative des épillets de toutes ces espèces on peut se convaincre que tous sont composés, c'est-à-dire que les squamules secondaires, représentant des spicules secondaires et decussantes avec leur bractée ou squamule primaire, sont florifères, ordinairement monoiques, les squamules inférieures mâles, une supérieure féminine. Le nombre de ces parties est fort différent, la plus grande réduction se trouve dans le genre *Hypolytrum*, dont les épillets secondaires ont été considérés par quelques auteurs comme une fleur hermaphrodite. Mais l'étude comparative fait voir que nous avons là un épillet triflore, composé de deux fleurs mâles unisquamulées, d'une fleur neutre réduite à une squamule et d'une fleur féminine sans squamule, ou peut-être unisquamulée si on prend la squamule neutre comme appartenant à cette fleur. La direction des étamines avant la floraison confirme cette manière de voir, car l'anthère nous offre à cet état une direction extrorse.

HYPOLYTRUM L. C. RICH.

MIQ. *Fl. Ind. bat.* III. *p.* 332. KURZ *l. c. p.* 71.

1. HYPOLYTRUM LATIFOLIUM RICH., MIQ. *l. c. p.* 333. *H. latifolium α genuinum* KURZ *l. c. p.* 73. Folia lato-linearia, trinervia, marginibus costaque superne serrulato-scabra; culmi paucifoliati; corymbus amplus; spicae 6—7 millim. longae ovoideae; achaenia crasse rostrata, praesertim in rostro puberula.

Cette espèce qui me paraît bien différente du *H. trinervium*, est très-répandue dans l'Archipel et le Continent Asiatique; elle a été rencontrée p. ex. à *Sumatra*,

Poulou Pénang, Sincapore, aux îles *Andaman*, à *Malacca, Birma, Silhet*, dans les îles *Fidji*. Je ne la connais pas encore de Java et de Bornéo.

2. HYPOLYTRUM BORNEENSE KURZ *l. c. p.* 74. Folia anguste linearia apicem versus serrulato-scabra, subplana, trinervia, nervis 2 lateralibus supra impressis, omnibus subtus acute prominentibus; culmi nudi; corymbus parvulus squarrosus, ramis subsimplicibus; achaenia laevissima nitida bisulcata.

Cette espèce, voisine de la précédente, se distingue par les akènes bisulqués; les épillets globuleux ressemblent à ceux de l'espèce suivante. Elle fut découverte dans le nord de *Bornéo*.

3. HYPOLYTRUM TRINERVIUM KUNTH *Enum.* II. *p.* 272. MIQ. *l. c. p.* 332. *H. myrianthum* MIQ. *l. c. p.* 333. *H. latifolium var. β* KURZ *l. c. p.* 73. Folia lato-linearia vel angustiora, trinervia, marginibus et costa sursum serrulato-scabra; culmi paucifoliati; corymbus laxus vel contractus; spiculae subglobosae duplo minores quam *H. latifolii*, fusculae; achaenia laevia nitida fusca.

Très-répandue dans l'île de *Java* et de *Sumatra*, et d'après Kurz aussi dans l'Archipel des *Andaman* et à *Ceylon*. Elle est très-variable et surtout dans les forêts de Java, sur les montagnes Salak et Pangerango on en rencontre des formes à feuilles très-larges et à inflorescence très-ramifiée, à akènes légèrement ruguleux, que j'ai décrites auparavant comme *l'H. myrianthum*. Pour la synonymie de cette espèce et de la première on peut consulter le mémoire de M. Kurz.

LEPIRONIA L. C. RICH.

Spiculae solitariae vel corymbosae, compositae teretes longulae vel breves, squamis undique imbricatis, inferioribus aliquibus vacuis, reliquis spiculam propriam androgynam squamae contrariam plurifloram rhachilla suborbatam inferne masculam superne flore unico femineo nudo vel unisquamulato donatam obtegentibus. Spicularum propriarum squamulae tenerae carinatae compressae, nunc inferiores nunc superiores vacuae, mediae monandrae. Flos femineus excentricus, squamula vacua interdum terminalis. Stylus bi- vel trifidus. Achaenium distincte vel vix corticatum.

Sect. I. *Eulepironia*. — *Lepironia* RICH. — Culmus articulatus vaginatus aphyllus. Spicula solitaria infra apicem culmi obvia. Spicularum propriarum flores masculi pauci. Stylus bifidus. — Species unica.

1. LEPIRONIA MUCRONATA RICH. — Pl. XX.

MIQ. *Fl. Ind. bat.* III. *p.* 346. *Suppl.* I. *p.* 602. KURZ *l. c. p.* 77.

Cette espèce, prototype du genre, mais en même temps la plus réduite en développement, jouit d'une distribution très-étendue; depuis l'île de *Madagascar* elle est répandue par l'Archipel Indien dans les îles de *Sumatra* (prov. Lampong), *Sincapore, Bangka* (près de Muntok), *Bornéo* etc. jusque dans la *Nouvelle-Hollande.* Dans quelques échantillons les gaînes offrent parfois un petit limbe foliacé.

EXPLICATION DE LA PLANCHE XX.

Fig. 1 plante entière, de grandeur naturelle; 2 section d'une partie du chaume septé; 3 squamule de l'épi, grandeur augmentée; 4 fleur mâle latérale; 5 section transversale de l'anthère; 6 akène vu du dos; 7 un autre vu de la face antérieure; figg. plus en moins grossies.

Sectio II. *Macrolepironia.* Foliosae; culmi apice monostachyi trigoni. Spicularum propriarum flores inferiores 3 masculi, reliqui plures neutri. Stylus trifidus.

2. LEPIRONIA ENODIS MIQ. — Pl. XXI.

MIQ. *Fl. Ind. bat. Suppl.* I. *p.* 603. *L. foliosa ej. l. c. (spiculis virgineis). Pandanophyllum Miquelianum* KURZ *l. c. p.* 81.

Folia longe linearia acuminatissima trinervia marginibus costaque dorsali (superne) spinuloso-serrulata, canaliculata, viridia vel leviter flavidula; culmi elongati nudi trigoni apice monostachyi; spicula suboblique inserta; squamae spiculae arcte imbricatae persistentes oblongae virides albido-marginatae, inferiores 9—10 vacuae, sequentes fertiles; spicularum propriarum flores 3 exteriores masculi, intimus seu terminalis femineus squamula lineari, squamulam sterilem amplectens

Rhizome oblique ou presque vertical, lignescent, poussant des racines assez fortes. Feuilles 1 et ½ jusqu'à 1½ mètre de long, 1 à 2¼ centim. de large, caniculées à marges formant un angle droit avec le partie canaliculée, comme on le voit chez des Pandanus. Les chaumes allongés plus courts que les feuilles, d'une couleur glauque; épi conique-elliptique ou ellipsoïde, à l'état adulte aigu au sommet. Les squamules extérieures des épillets propres d'une forme naviculaire, ciliolées sur la carène dorsale, les intérieures bicarénées et ciliolées aux angles Les akènes mûrs obovés légèrement charnus, à l'état sec coriaces lisses.

Cette espèce fut découverte par M. TEYSMANN dans la province Palembang dans la *partie orientale de Sumatra*, près de Danoh-tjaloh, aux bords de la rivière Mousi, où les habitants la nomment „Roumpout selinging."

EXPLICATION DE LA PLANCHE XXI.

Fig. 1 plante entière, de grandeur naturelle; 2 squamule de l'épi, grossie; 3 partie supérieure d'une spicule propre ouverte, montrant les fleurs mâles latérales et la centrale ou terminale femelle, enveloppée d'une squamule linéaire; grossie.

3. LEPIRONIA CEYLANICA MIQ. — Pl. XXII.

Pandanophyllum ceylanicum THWAIT. *Enum. Pl. Ceyl.* p. 345. KURZ *l. c. p.* 80.

Characteres praecedentis, sed spiculae robustiores obtusae, provectiores capituliformes, squamae latius marginatae.

Ceylon et dans les îles *Andaman*.

EXPLICATION DE LA PLANCHE XXII.

Fig. 1 chaume, de grandeur naturelle; 2 épi, vu de côté, grandeur naturelle; 3 partie supérieure d'une feuille, de la face supérieure, grandeur naturelle; 4 squamule de la partie moyenne de l'épi, grossie; 5 spicule propre, vue latéralement encore enclose dans les deux squamules extérieures naviculaires; 6 la même ouverte, montrant les fleurs mâles (♂), stériles (*st.*), et une femelle (♀), grossie; 7 pistil, grossi; 8 diagramme d'une spicule; 9 akène et sa section, grossi.

4. LEPIRONIA HUMILIS MIQ. — Pl. XXIII.

Pandanophyllum humile HASSK. *Cat. hort. bog.* p. 297. STEUD. *Cyperogr.* p. 134. MIQ. *Flora* III. p. 334. OUDEM. *in Bot. Zeitung.* 1866. p. 193. KURZ *l. c. p.* 82. — *Lepironia cuspidata* MIQ. *Flor. Suppl.* I. p. 603. *Lepistachya praemorsa* ZIPPEL. *herb. Pandanophyllum Zippelianum* KURZ *in Nat. Tijdschr. Nederl. Indië.* XXVII. p. 126.

Folia petiolata elliptico-oblonga ex apice obtuso longe abrupte cuspidata, plicata, 3-nervia, marginibus costaque subtus spinuloso-serrulata; pedunculi e stolonibus brevibus squamato-vaginatis nudi sursum incrassati, juniores cum spica rubello-fusci, perraro distachyi; spicula oblonga, squamis arcte imbricatis persistentibus, inferioribus 3—4 vacuis viridibus, sequentibus tenuioribus fertilibus; spiculae propriae 6-florae androgynae, floribus 3 exterioribus masculis, 2 interioribus neutris, terminali excentrico femineo.

Cette espèce se caractérise d'abord par ses feuilles pétiolées, à pétiole compliqué, élargie à la base en une gaîne large, supportant un limbe de 30 à 45 centim. de long, 4—7 de large, terminé abruptement par une pointe d'une longueur de 5 centim. Les pédoncules offrent une longueur très variable, de 3 jusqu'à 30 centim., trigones à angles arrondis. Les squamules inférieures de l'épi sont lancéolées-oblongues, striées, opaques, vertes, avec des marges membraneuses brunâtres à l'état sec, munies au dos d'une carène obtuse; les autres plus tendres, nervées, sans carène. Le style continu avec le sommet de l'ovaire, est court, subpersistant, trifide, à branches allongées. Akènes oblongs, apiculés par la base persistante du style, du reste obscurément bicarénés, d'un pericarpe légèrement charnu, ensuite coriace, brunâtre.

Java, très répandue dans les forêts de la région montueuse, à 3—5000 pieds d'élévation: HASSKARL, ZOLLINGER et d'autres. *Bangka:* TEYSMANN. *Sumatra*, dans la partie occidentale: KORTHALS.

EXPLICATION DE LA PLANCHE XXIII.

Fig. 1 plante entière, de grandeur naturelle; 2 spicule propre, à la fin de la floraison, à authères fanées, grossie, montrant 3 fleurs mâles et une femelle; 3 fleur mâle latérale avant la pleine floraison, à filament encore court, grossie; 4 fleur femelle, grossie; 5 *a* akène de grandeur naturelle, *b* un peu grossie pour montrer la surface granulée, *c* coupé transversalement; 6 graine, grossie.

Sectio III. *Thoracostachyum* KURZ *l. c. p.* 75 (*genus*). Foliosae. Spiculae in apice culmi trigoni plures corymboso-confertae, pedicellatae. Stylus trifidus. Habitus Hypolytri.

5. LEPIRONIA SUMATRANA MIQ. — Pl. XXIV.

MIQ. *Flor. Suppl.* I. *p.* 604. *Thoracostachyum sumatranum* KURZ *l c.*

Folia linearia plicato-trinervia firma marginibus costaque subtus saepe a medio inde spinuloso-serrulata; culmi foliis longiores trigoni basi oligophylli; corymbus involucratus polystachyus; spiculae obovoideo-ellipsoideae maturae stramineae, squamis ellipticis obtusis convexis, infimis vacuis acutis; achaenia lenticularia utrinque attenuata, rostellata, laevia.

Rhizome court vertical. Feuilles $\frac{2}{3}$ à $\frac{3}{4}$ mètres de long, 4 à 5 millim. de large; chaumes jusqu'à un mètre et plus en hauteur. Corymbe condensé, à branches triquètres, entouré d'un involucre composé de feuilles presque normales allongées, diminuant vers le haut, jusqu'à la forme de simples bractées. Spicules aggrégées de 2 à 5; squamules inférieures et supérieures plus petites que les autres; 4 à 5 inférieures stériles dont les 2 extérieures naviculaires carénées ciliolées; les supérieures renferment des spicules propres 7-flores androgynes: 3 fleurs inférieures ou extérieures mâles monandres, les 2 suivantes neutres; la fleur supérieure femelle unisquamulée, amplectant une septième squamule stérile. Style court, trifide, à branches allongées.

Sumatra, dans la province Lampong, près de Ipil, Battang Lekko, où elle fut découverte par TEYSMANN. — „Selingsing" est le nom indigène.

EXPLICATION DE LA PLANCHE XXIV.

Fig. 1 plante entière, de grandeur naturelle; 2 spicule un peu grossie; 3 squamule, pl grossie; 4 spicule propre avant la pleine floraison, grossie; 5 fleur latérale mâle; 6 fleur femell grossie; 7 akène mûr avec le style et les restes des stigmates, grossi.

6. LEPIRONIA BANCANA MIQ. *Flor. Ind. bat. Suppl.* I. *l. c. Thoracostachyum bancanum* KURZ *l. c. p.* 76. Praecedenti simillima sed minor, culmo ipso basi aphyllo; corymbus magis simplex; achaenia ellipsoideo-trigona convexa apiculata.

Cette espèce est extrêmement voisine de la précédente, seulement les dimensions de toutes les parties sont plus petites, les spicules ellipsoïdes plus petites et plus obtuses au sommet; les akènes obscurément trigones, une face étant plus large que les deux autres. Du reste je renvoie à la description plus détaillée publiée dans l'ouvrage cité.

Elle fut découverte par TEYSMANN dans l'île de *Bangka*, où elle habite les bancs des rivières et les endroits marécageux et tourbeux des forêts. M. KURZ cite aussi *Sincapore* d'après les échantillons de WALLICH n. 3401, qui me sont inconnus.

Sectio IV. *Pandanophyllum* HASSK. (*genus*, MIQ. *l. c. et* KURZ *l. c. p.* 78). Robustae, foliosae; culmi rhizomatis stolonibus squamatis. Spiculae in apice culmi fasciculatae involucratae. Spicularum propriarum flores 3 exteriores masculi, caeteri steriles, terminalis femineus.

7. LEPIRONIA PALUSTRIS MIQ. — Pl. XXV.

Pandanophyllum palustre HASSK., MIQ. *Flor.* III. *p.* 334. KURZ *l. c. p.* 78.

Folia lato-linearia acuminatissima trinervia, marginibus costaque subtus spinuloso-serrulata coriacea rigida; culmi aphylli obtuso-trigoni apice pleiostachyi, spiculis paucis pluribusve in capitulum magnum involucro latifolio suffultum congestis; squamae lanceolatae obtusae vel apice lacerae subenerviae; achaenia inaequilatero-oblonga rostellata.

Espèce très distincte, quoique variable, quant au nombre des spicules dans le capitule. La grandeur des spicules diminue à mesure que leur nombre est plus grand dans le capitule. Les feuilles ne sont pas planes mais plissées de manière à offrir un canal large au milieu, avec des marges recourbées sous un angle droit, comme dans les espèces suivantes, munies au dos vers la base de spinules retrorses; elles offrent la longueur de 1¾ à 2¼ mètres, sur 4 à 5½ cent. de large, teintes en dessus d'un vert foncé, pâles presque glauques en dessous. Chaumes de la hauteur de 30 à 45 centim. Spicules 1¼—2¼ cent. de longueur. Les feuilles de l'involucre au nombre de 3—8 ovées-oblongues très élargies à la base, atteignant plus ou moins la hauteur du capitule. Dans les spicules propres les 3 fleurs extérieures sont monandres, les 2 intérieures (ou supérieures) neutres, la terminale ou excentriquement centrale féminine unisquamulée. Akène obscurément trigone, à péricarpe mince légèrement charnu.

Très fréquente dans l'île de *Java*, où elle habite les forêts humides des montagnes, p. ex. du Pangerango, Salak etc. Une variété à capitules oblongues croît entre les rochers et les troncs d'arbres à Pasir Madang, Probakti. Les indigènes la connaissent sous le nom de »Harassas tjasi." — On l'a trouvée aussi à *Sincapore* et au *Silhet* dans l'Inde continentale.

EXPLICATION DE LA PLANCHE XXV.

Fig. 1 plante entière, de grandeur naturelle, avec la section transversale d'une feuille, pour montrer sa figure canaliculée pandaniforme; 2 squamule de l'épi; 3 spicule en fleur, montrant les fleures mâles (♂), stériles (*st.*) et la centrale femelle (♀); 4 fleur femelle. — Figures plus ou moins grossies.

8. LEPIRONIA SQUAMATA MIQ. — Pl. XXVI.

Pandanophyllum squamatum KURZ *l. c. p.* 80.

Folia lato-linearia acuminatissima trinervia marginibus costaque subtus spinuloso-serrulata; culmi contracto-abbreviati dense squamati, apice fasciculato-oligovel monostachyi; spicularum squamae ellipticae obtusae vel apice laceratae; achaenia utrinque attenuata bicarinata rostellata.

Cette espèce est sans doute très-voisine de la précédente, surtout par ses feuilles entièrement semblables; mais les chaumes ou pédoncules sont très-raccourcis, couverts de bractées ovées-oblongues concaves imbriquées. Ses spicules ordinairement au nombre de 2 à 3 et d'une figure oblongue obtuse. Les spicules propres offrent la même organisation que de l'espèce précédente, mais l'akère est bicaréné, non trigone.

Java, près de Buitenzorg: ZIPPELIUS.

EXPLICATION DE LA PLANCHE XXVI.

Fig. 1 plante entière, de grandeur naturelle; 2 squamule de l'épi; 3 spicule jeune; grossies.

9. LEPIRONIA MACROCEPHALA MIQ. — Pl. XXVII.

Hypolytrum macrocephalum GAUDICH. *ad* FREYCIN. *p.* 414. MIQ. *l. c. p.* 355 (*ex errore macrophyllum*). *Cephaloscirpus macrocephalus* KURZ *l. c. p.* 84.

Culmi trigoni basi paucifolii, apice capitulo pleiostachyo densissimo foliis longissimis involucrato terminati; spicularum squamae oblongo-lanceolatae obtusulae trinerviae; spiculae propriae squamam excedentes 7—10-florae; flosculi laterales alii monandri alii neutri, terminalis seu intimus femineus unisquamulatus, squamulam sterilem amplectens; achaenium oblongum basi in stipitem tenuem constrictum, tricarinatum, stylo rostratum.

Les feuilles radicales ne sont pas décrites; celles de l'involucre assez longues laté-linéaires plissées à la manière des précédentes (à l'instar des Pandanes) trinervées, serrulées aux marges et en dessous sur la carène vers le sommet. Les spicules propres d'une forme linéaire, comprimées, plus longues que la squamule; de leurs squamules ou les 3 extérieures ou 3 des autres sont mâles et monandres, toutes les autres neutres. Le style est trifide. Du reste elle est bien distinguée par son akène stipité.

Iles Moluques: GAUDICHAUD. *Ile Batjan*: TEYSMANN.

EXPLICATION DE LA PLANCHE XXVII.

Fig. 1 chaume avec l'inflorescence, de grandeur naturelle, d'après l'échantillon de l'île de Batjan; 2 akènes, grandeur naturelle; 3 diagramme d'une spicule propre, avec la squamule dorsale.

SCIRPODENDRON ZIPPELIUS *mss.*

KURZ in *Journal Asiatic Society of Bengal*, vol. XXXVIII. p. 85.

Spiculae compositae, squamis spiraliter imbricatis, inferioribus saepe tri-superioribus unispiculatis. Spiculae propriae squamae contrariae androgynae, rhachilla propria nulla, squamulis areae disciformi spiraliter insertis, duabus lateralibus seu extimis navicularibus carina ciliolatis, reliquis masculis monandris; supremus flos femineus nudus, stylo bifido („an et trifido": KURZ). Achaenia magna, squamis squamulisque emarcidis deciduisve nuda, obovoideo-ellipsoidea sulcato- 6-costata conico-apiculata, mesocarpio crasso corticoso, endocarpio lapideo.

1. SCIRPODENDRON SULCATUM KURZ. — Pl. XXVIII.

KURZ (*ex syn. dubio Pandanophylli sulcati* THWAIT.) *l. c. p.* 85. *Scirpodendron pandaniforme* ZIPPEL *mss.*

Planta perennis e rhizomate crasso lignoso oblique erecta, sterilis Pandanis acaulibus simillima, foliis trifariis basi equitantibus lato-linearibus acuminatissimis 6—9 pedes longis, pollicem latis vel latioribus trinerviis, lateribus uti in Pandanis plerisque sub angulo recto deviis, marginibus costaque dorsali a medio inde spinoso-serrulatis; culmis 1—1½-pedalibus trigonis basi squamatis, panicula compacta foliaceo-involucrata terminatis, paniculae ramis abbreviatis bractea lata vel infimis folio suffultis, fasciculato-spiculiferis. *Reliqua conf. l. c.* Achaeniorum anguli non raro protuberantiis conicis quasi spiniformibus hic illic muniti.

Cette magnifique Cypéracée fut découverte par l'infatigable ZIPPELIUS dans l'île de *Java*, où elle croît aux bords des torrents dans les régions montueuses et dans des localités marécageuses. WALLICH la trouva dans *l'île de Penang* et à *Sincapore* (Herb. n. 3538).

EXPLICATION DE LA PLANCHE XXVIII.

Fig. 1 partie supérieure du Scirpodendron sulcatum d'après l'échantillon de ZIPPELIUS, grandeur naturelle; 2 partie d'une feuille; 3 section transversale d'une feuille à la base, grandeur naturelle; 4 spicule; 5 trois spicules propres recouvertes de la squamule générale; 6 les mêmes vues de la face opposée; 7 spicule propre vue de côté; 8 spicule complète; 9 la même un peu ouverte; 10 squamule de la spicule générale; 11 pistil; 12 spicule fructifère mûre, grandeur à peu près naturelle; 13 akène; 14 coupé à travers; 15 graine. Figures grossies.

SUR LE GENRE SCHUURMANSIA BL.

Sepala 5 imbricata, duo exteriora latiora paullo breviora. *Petala* 5 subaequalia aestivatione convoluta. *Stamina sterilia* numerosa linearia vel subulata ima basi cohaerentia. *Stamina fertilia* 5, *filamentis* brevibus camplanatis liberis basi sterilibus adnatis, *antheris* conniventibus ovato-lanceolatis supra basin emarginatam dorsifixis, bilocularibus, poro terminali extrorso dehiscentibus. *Ovarii placentae* tres parietales, multiovulatae; *stylus* simplex *stigmate* subintegro. *Ovula* anatropa. *Capsula* lignosa trivalvis valvis apice septicide dehiscentibus. *Seminum testa* membranacea in alam orbicularem expansa. *Embryi* in axi albuminis recti cotyledones brevissimae. — Arbor glabra, foliis sparsis ad apicem ramulorum confertis nitidis tenerrime transverse striulatis, integerrimis, stipulis exilibus, floribus paniculatis terminalibus flavis.

1. SCHUURMANSIA ELEGANS BL. *Mus. bot.* I. *p.* 178, *fig.* 32. MIQ. *Flor. Ind. bat.* I. 2, *p.* 117. Species unica certa. — Pl. XXIX.

Arbre entièrement glabre; pétioles environ 4 cent. de longueur, antérieurement canaliculés; feuilles obovées-oblongues terminées par une pointe obtuse, à marges entières, striulées transversalement par des veinules très-rapprochées extrêmement fines, 10—24 cent. de long, 6—8 en largeur. Stipules squamiformes triangulaires apprimées ciliolées. Panicule 20 à 30 cent. de haut, à ramifications anguleuses. Pédicelles articulés. Sépales striulés, les extérieurs plus courts et plus larges. Ovaire ellipsoïde-oblong.

Croît dans les forêts de la partie montueuse d'*Amboine*, d'où ZIPPELIUS en a rapporté un échantillon unique.

EXPLICATION DE LA PLANCHE XXIX.

Fig. 1 branche en fleur de grandeur naturelle; 2 bouton floral, trois fois grossi; 3 sépales, un extérieur, l'autre intérieur, cinq fois grossis; 4 fleur, cinq fois grossie; 5 étamines, grossis; 6 pistil; 7 le même transversalement coupé; 8 ovules, figg. grossies.

À l'espèce unique de BLUME M. J.-D. HOOKER en a ajouté une seconde de *Bornéo*, *Sch. angustifolia* (*Linn. Transact.* XXIII. *p.* 157), caractérisée par la dehiscence des anthères rimeuse, l'inflorescence racemeuse, sépales égaux en longueur.

REVUE DES LINÉES, INDIGÈNES DANS L'ARCHIPEL INDIEN.

Tribus I. *Hugoniées.*

HUGONIA LINN.

1. HUGONIA COSTATA MIQ. *n. sp.* Ramuli (in supp. inermes) petioli folia subtus, stipulae pedunculique chryseo-tomentosi; stipulae pectinato-pinnatifidae; folia brevi-petiolata e basi obtusula obovato-elliptica breviter acute acuminata serrato-crenulata ad crenas fasciculato-pilosa, subtus costulis utrinque 13—14 arcuato-patulis validis transverseque venosis pertensa; pedunculi axillares brevissimi cymoso-triflori; sepala lanceolato-ovata acuminata utrinque chryseo-tomentosa; drupa obovoidea glabra stylis 5 deflexis coronata.

Cette espèce remarquable offre au premier abord par la forme des feuilles et la couleur de son duvet beaucoup de ressemblance avec le *Lasianthus cyanocarpus*, mais dans son genre elle se rapproche plutôt des espèces de l'île de Maurice, p. ex. du *serrata*, que de l'espèce type indienne le *H. mystax*. — Les stipules sont de chaque côté sectées in 4 lobules linéaires, et apprimées à la tige. Pétioles 3—8 millim. de long; les feuilles, munies à la surface supérieure sur les nervures un peu déprimées d'une pubescence persistante, du reste glabres, à l'état sec d'une couleur noirâtre, 10—14 centim. de long, $4\frac{1}{2}$—6 de large. Les lobes du calyce 8—10 millim. en longueur (après la floraison). Fruit 15 mill. de long, ovoïde, offrant 5 styles entièrement recourbés.

M. le docteur KORTHALS la découvrit dans le district Loubou Kelangan de l'île de *Sumatra*. Nous n'en possédons qu'un seul échantillon, muni de fruits non encore entièrement mûrs et de boutons très jeunes.

2. HUGONIA SUMATRANA MIQ. *n. sp.* Ramuli graciles tetragoni internodiis glabris; stipulae lineares caducae; cirrhi solitarii; folia graciliter petiolata e basi acuta longe lanceolata rostrato-acuminata, praeter basin et apicem appresse minutissime crenulato-serrulata, costulis teneris utrinque 5—7, adultis glabris; florum fasciculi pauciflori axillares sessiles; sepala elliptica acuta striulata glabra vel ima basi hirtella; petala obovato-oblonga obtusa 3-nervula; stamina majora petalis paullo breviora, antheris parvis globuloso-didymis.

Elle diffère de toutes les espèces connues par la forme des feuilles. Les ramules sont très-graciles allongées, d'une couleur noire à l'état sec, glabres, munies de quelques poils près des noeuds; pétioles graciles antérieurement canaliculés, $\frac{1}{2}$—1 cent. de long, à l'état sec d'une couleur noire; les feuilles noircies à la surface supérieure, brunâtres à l'autre, légèrement luisantes, 5 à 8 cent. de long, 1—2 de large. Pétales (blanchâtres dans l'herbier) de 8 millim. de long très tendres. Les épines ne sont qu'une fois enroulées et glabres.

Elle fut rapportée par KORTHALS de la partie occidentale de *Sumatra*.

L'Hugonia Mystax LINN. n'a pas encore été trouvé dans l'Archipel Indien. Nous en avons des échantillons provenant des collections faites à *Ceylon* par KOENIG et PAUL HERMAN en 1770. Leurs feuilles sont petites elliptiques ou obovées, glabres à l'état adulte; les branches et les épines très-envoulées sont recouvertes d'un tomentum ferrugineux et épais.

Tribus II. *Ixonanthées.*

IXONANTHES JACK.

1. IXONANTHES ICOSANDRA JACK *Mal. Miscell.* MIQ. *Fl. Ind. bat.* I. 2, *p.* 494. *Suppl.* I. *p.* 190. *Ix. dodecandra* et *subdodecandra* GRIFFITH *herb. Macharisia icosandra* PLANCH. *in herb.* HOOK. *Pierotia lucida* BL. *Mus. bot.* I. *p.* 180. *Ixonanthes ej. ibid. p.* 396 *in adnot. Brewsteria crenata* I. M. ROEMER *Synops. Monogr.* I. *p.* 141. *Gordonia peduncularis* WALL. *Herb. n.* 4400. *Hypericinea dentata ej. n.* 1842.

Cette espèce est bien caractérisée au premier aspect par les feuilles très-courtement pétiolées et les bords plus ou moins crénés-serrés.

Var. β cuneata (Ixonanthes cuneata MIQ. *Fl. Ind. bat. Suppl.* I. *p.* 190, 484); ne diffèrent que peu par des feuilles plus obverses, rétrécies vers la base.

Elle croît à *Sumatra*, où elle fut recueillie dans le Bencoulen, en Indrapoura etc. par JACK, LOBB, KORTHALS et TEYSMANN.

2. IXONANTHES PETIOLARIS BL. *Mus. bot.* I. *p.* 396. MIQ. *Flor.* I. 2, *p.* 494. *Suppl.* I. *p.* 190. *Pierotia reticulata* BL. *l. c. p.* 180.

Avec le port de la précédente espèce, elle s'en distingue par les pétioles allongés, de 2½ cent. de long, par les feuilles oblongues-elliptiques ou obovées-elliptiques, à marges entières ou presque entières, au sommet obtuses, munies de 7—9 nervures secondaires de chaque côté et d'un réseau de veines très-développé, 9—11¼ cent. de long. Les pédoncules axillaires sont terminés d'un corymbe, environ 8 cent. en longueur.

Elle croît dans l'île de *Sumatra*, où elle fut découverte dans la province de Palembang par PRAETORIUS.

3. IXONANTHES RETICULATA JACK *Mal. Miscell. in* HOOK. *Bot. Magaz. Comp.* I. *p.* 154. MIQ. *l. c.*

Cette espèce, découverte par JACK dans l'île de *Sumatra* à Tapanouli, en *Poulou Pénang*, à *Sincapore*, est sans doute très-voisine de la précédente, peut-être identique, car la différence dans la grandeur des feuilles et la longueur des pédicelles n'est pas d'une grande importance, ces parties étant très variables dans ce genre.

SARCOTHECA BL.

Calyx ebracteolatus, *sepalis* 5 inaequalibus quincunciali-imbricatis, persistentibus. *Petala* 5 hypogyna breviter unguiculata patentia, praefloratione imbricato-convoluta. *Stamina* 10 hypogyna, alterna paullo breviora, *filamentis* subulatis basi in urceolum connatis, *antheris* dorsifixis sub anthesi reclinatis, bilocularibus connectivo apiculatis introrsis longitudinaliter dehiscentibus. *Ovarium* sessile 5-loculare, *ovulis* e loculorum angulo geminis superpositis, anatropis, rhaphe ventrali, exostomio supero, *stylis* 5 terminalibus, *stigmatibus* minutis. *Capsula* globosa subbaccata 5-vel pauci-locularis, apice fissuris septicide dehiscens. *Semina* in loculis solitaria, compresso-ovoidea, *testa* coriacea rugosa. *Embryon* in *albumine* carnoso subobliquum, *radicula* brevi, *cotyledonibus* foliaceis ovalibus. — Frutex, foliis alternis pauciner-viis, racemis elongatis spiciformibus, floribus parvis.

Le genre *Sarcotheca*, établi par BLUME, diffère du *Roucheria*, genre américain, avec lequel je l'avais réuni dans ma Flore, non seulement par son port, la nervation des feuilles et l'inflorescence, mais aussi par les caractères essentiels,

p. ex. par les étamines qui ne sont pas fort inégales, par le défaut des glandes hypogynes, par les stigmates, qui chez le *Roucheria* sont dilatés presque capitulés, par l'organisation du fruit, qui dans notre genre se présente comme une capsule charneuse, dans le genre américain comme une drupe à nucléus osseux 3—5-loculé, etc. Le *Sarcotheca* se rapproche plutôt du genre *Hugonia*.

1. SARCOTHECA MACROPHYLLA BL. *Mus.* I. *p.* 242. *Roucheria macrophylla* MIQ. *Fl. Ind. bat.* I. *p.* 136. — Pl. XXX.

L'espèce unique de ce genre nous offre les caractères suivants: arbrisseau à branches tetragones graciles; feuilles alternantes, soupportées par des pétioles de $1\frac{1}{2}$ à $2\frac{1}{2}$ centim. de long, sillonnées en face, oblongues, au sommet acuminées, à la base arrondie légèrement échrancées, à bords entiers, d'une texture coriace, lisses, parfaitement glabres, pourvues de nervures latérales au nombre de 9 à 10, unies entre elles, fortement réticulées sur la surface inférieure, à l'état sec d'une couleur pâle jaunâtre, 18—26 centim. en longueur, $7\frac{1}{2}$—8 à 10 en largeur, rarement 25 cent. de long, sur $8\frac{1}{2}$ en largeur. Je n'ai pas trouvé de stipules, quoique de petites cicatrices à chaque côté du pétiole semblent indiquer la présence de stipules très-petits et fugaces. Racèmes allongés et graciles, sortant de l'aisselle des feuilles supérieures, un étant comme opposé à la feuille terminale, solitaires, pédonculés, étroits, de 40 centim. de longueur, à pédicelles raccourcis alternes, la plupart divisés en 2 ou 3 pédicelles propres. La fleur bien développée 7 millim. de longueur. Sépales à l'état sec d'une texture membraneuse, elliptiques ou ovées, au sommet obtuses ou à peine aiguës, extérieurement recouvertes (comme les pédicelles et l'axe de l'inflorescence) d'une pubescence courte brunâtre, les intérieures plus étroites, dans la fleur dressées, sous la capsule persistantes et patentes. Pétales surpassant du double ou triple le calyce, à la base rétrécies en forme d'un onglet fort court, du reste elles sont obovées-oblongues obtuses, parcourues de nervures très-fines, dans le bouton imbriquées presque convolutées. Étamines plus courtes que la corolle; filets soudés à la base en forme d'une gaîne, qui embrasse la moitié de l'ovaire; anthères cordiformes obtuses, au sommet apiculées, versatiles; les 5 étamines opposées aux pétales se présentent un peu plus courtes que les 5 alternantes. Ovaire ellipsoïde pentagone légèrement pubescent, surmonté de cinq styles extérieurement poilus connivents. Dans chaque loge se trouvent deux ovules superposées, souportées par des funicules très-raccourcis. Capsule de la grandeur d'un pois, presque sphérique, ordinairement par avortement oligosperme, à mésocarpe charnu, endocarpe papyracé, s'ouvrant au sommet par cinq fissures. Graines à spermoderme épais, inégal. Embryon de la moitié de la longueur de l'albumen, à cotyledones ovales applatis, radicule légèrement comprimée.

C'est le docteur KORTHALS qui découvrit ce genre nouveau dans les régions australes de l'île de *Bornéo*, dans la région des rivières Tewé et Dousson. — BLUME cite aussi *Sumatra*, mais je n'ai pas trouvé d'échantillons de cette île.

EXPLICATION DE LA PLANCHE XXX.

Fig. 1 branche en fleur, ⅓ de la grandeur naturelle; 2 bouton floral, grossi; 3 fleur, grossie; 4 la même sans la corolle; 5 étamines; 6 pistil; 7 section transversale; 8 capsule de gr. naturelle.

Tribus III. *Erythroxylées.*

ERYTHROXYLON LINN.

1. ERYTHROXYLON SUMATRANUM MIQ. *Fl. Ind. bat. Suppl.* I. *p.* 511.

C'est la seule espèce de ce genre, de la section de *Sethia*, qui me soit connue de l'Archipel. TEYSMANN la découvrit dans la prov. de Palembang à *Sumatra*. — ZOLLINGER trouva dans la prov. Bantam de *Java* un *Erythroxylon*, cultivé dans le Jardin botanique de Buitenzorg sous le nom d'*Er. retusum*, qui d'après la diagnose, publiée dans le *Natuurk. Tijdschrift v. Ned. Indië*, paraît identique avec notre espèce.

REVUE DES SABIACÉES DE L'ARCHIPEL INDIEN.

SABIA COLEBR.

1. SABIA MENICOSTA BL. *Mus. bot.* I. *p.* 369, *fig.* 44. MIQ. *Flor. Ind. bat.* I. 2, *p.* 618. *Menicosta javanica* BL. *Bijdr. p.* 22. *M. scandens* SPR. *Syst. Veg.* IV. 2, *p.* 114. — Pl. XXXI.

Folia obverse oblonga vel oblongo-elliptica breviter acute acuminata, marginibus repandulo-crispula, costulis utrinque 5—6 arcuato-patulis extrosum arrectis et ante marginem unitis subtus prominentibus; paniculae axillares solitariae foliis subbrevioribus pubescentes, ramulis alternis brevibus apice 5—7-floris, bracteis elliptico-oblongis acutis parvis; petalis ellipticis obtusis.

Var. β elliptica (*Sabia elliptica* MIQ. *Flor. Ind. bat. Suppl.* 1. *p.* 203, 521). Foliis ellipticis basi obtusioribus.

Arbrisseau scandant, à branches graciles glabres; pétioles 1—2 cent. de long; feuilles 11—14, rarement 19 cent. en longueur, sur 4—6 en largeur, à l'âge adulte distinctement réticulées sur la page inférieure, glabres. Panicules axillaires, à branches courtes terminées par une cîme pauciflore. Calice raccourci presque acetabuliforme, à lobes triangulaires-ovés. Pétales surpassant trois fois le calice, laté-elliptiques, parcourues de cinq veines fines simples ou bifides. Étamines plus courtes que les pétales, à filaments comprimés légèrement cunéiformes; anthères cordiformes plus larges que longues. Ovaire ovoïde, surmonté d'un style court

Java, sur le mont Romping: BLUME. Sumatra occidental: KORTHALS. La variété fut rapportée de la même île, de la province Rau, par TEYSMANN.

EXPLICATION DE LA PLANCHE XXXI.

Fig. 1 branche en fleur, grand. nat.; 2 la fleur, 10 fois grossie; 3 pétale, 15 fois gr.; 4 androecée et gynoecée, 10 fois gr.; 5 gynoecée 30 fois gr.; 6, 6 étamines vues des deux faces, 3 fois gr.; 7 section longitudinale de l'ovaire, 30 fois gr.; 8 transversale, même gr.; 9 ramule à fruits mûrs, grandeur naturelle.

2. SABIA PAUCIFLORA BL. *Mus. bot.* I. *p.* 370. MIQ. *Fl. l. c p.* 619. — Pl. XXXII. Folia lanceolata acuminata obiter crispulo-repandula, costulis utrinque 6—8 ante marginem unitis; pedunculi glabri tenues axillares 1—2- vel racemoso-pauciflori, pedicellis hirtulo-pubescentibus; calycis lobi dilatato-ovati; petala obverse elliptica apice extremo incurvula, 5-nervula; stamina petala ⅔ aequantia.

Branches glabres, vers le sommet anguleuses et comprimées; pétioles 1½—2 cent. de long, à l'état sec noirâtres; feuilles à la base plus ou moins aiguës, lancéolées ou elliptiques-lancéolées, au sommet aigu mucronées, 10—13 cent. de long, 3—4 de large. Filaments des étamines linéaires comprimés, incourbés au sommet. Ovaire ovoïde, avec le style plus court que les étamines.

Croît dans les *Moluques*.

EXPLICATION DE LA PLANCHE XXXII.

Fig. 1 branche en fleur de grandeur naturelle; 2 fleur, 10 fois grossie; 3 gynoecée et androecée 10 fois gr.; 4 pétale, 20 fois gr.; 5, 5 étamines, vues des deux faces, 20 fois gr.; 7 gynoecée, 20 fois gr.; 8 section transversale de l'ovaire, 40 fois gr.; 9 ovule, 80 fois gr.

2. SABIA SUMATRANA BL. *Mus. bot.* I. *l. c.* MIQ. *Flor. l. c.* — Pl. XXXIII. Folia e basi acuta vel subattenuata elliptica vel elliptico-oblonga mediocriter acuminata, marginibus integerrimis plana, pergamacea, glabra, costulis utrinque circiter 5 patulis ante marginem unitis aliisque tenuioribus venis reticulatis; pedunculi axillares uniflori.

Branches flexueuses anguleuses. Pétioles 1—1¼ cent. de long, noirâtres à l'état sec. Feuilles desséchées d'une couleur plus ou moins olivacée, plus pâles en dessous, 9—11—13 cent. de long, sur 4—5—6½ de large.

Elle fut découverte dans l'île de *Sumatra*, dans la prov. de Palembang par PRAETORIUS; dans la partie occidentale par KORTHALS.

EXPLICATION DE LA PLANCHE XXXIII.

Fig. 1 branche en fleur et fruit, de grandeur nat., avec une feuille d'une branche stérile; 2 fleur avec son pédicelle muni des bractées, 5 fois grossie; 3 calice avec le pistil, 10 fois grossi; 4 pétale, 10 fois gr.; 5, 5 étamines vues des deux faces, 10 fois gr.; 6 ovaire coupé, 20 fois gr.; 7 fruit, grandeur naturelle.

MELIOSMA BL.

I. *Espèces a feuilles simples.*

1. MELIOSMA SIMPLICIFOLIA ENDL. *Gen. Pl.*, HASSK. *Cat. h. bog. p.* 226. BL. *mss. et Rumphia* III. *p.* 197. MIQ. *Flor. Ind. bat.* I. 2, *p.* 613. *M. angulata* BL. *l. c. Millingtonia simplicifolia* ROXB. *Pl. Corom.* III. *tab.* 254. *Sabia? floribunda* MIQ. *Fl. Suppl.* I. *p.* 521 *et S.? densiflora ej. l. c.*

Espèce très-variable par rapport à la grandeur des feuilles et le nombre des veines secondaires, qui varie de 15 à 25. La plupart de nos échantillons portent des feuilles à bords entiers, seulement quelques-uns offrent aussi des feuilles serrées.

Croît dans *l'Inde continentale* et dans les îles de *Sumatra* et de *Java*.

2. MELIOSMA LEPIDOTA BL. *Rumphia l. c. p.* 198. MIQ. *l. c. p.* 614.

Au premier aspect différente par les pétioles plus allongés graciles, le nombre plus petit des veines, etc.

Découverte par KORTHALS dans les provinces occid. de *Sumatra*.

3. MELIOSMA LAURINA BL. *l. c.* MIQ. *l. c.*

Bornéo, sur le mont Sakoumbang: KORTHALS.

4. MELIOSMA FRUTICOSA BL. *l. c.* MIQ. *l. c.*

Java, sur les montagnes de la partie occidentale.

Observ. Meliosma petiolaris m. *Fl. Ind. bat. Suppl.* I. *p.* 519 n'appartient pas à ce genre, mais au Xylosma (Scolopia), étant probablement le *X. leprosipes* CLOS.

II. *Espèces à feuilles pennées.*

5. MELIOSMA POLYPTERA MIQ. *Fl. Suppl.* I. *p.* 520.

Sumatra occid., où elle fut découverte en Priaman par DIEPENHORST, en Loubou Alang par TEYSMANN. Espèce voisine de la suivante, bien caractérisée par le nombre plus grand des folioles, qui sont d'une texture coriace rigide et très-étroitement lancéolées, par la forme des pétales, etc.

6. MELIOSMA LANCEOLATA BL. *Cat. hort. Buitenz. p.* 32. *Rumphia l. c. p.* 200, *tab.* 168. MIQ. *l. c. p.* 614. *Suppl.* I. *p.* 520. *Meliosma nitida (non BL.) var. cerasiformis Hort. bogor. Millingtonia lanceolata* NEES *bot. Zeitung*, 1825. *p.* 106.

Java, Sumatra, région occid.: KORTHALS, boréale: JUNGH.. *Bornéo*: KORTHALS. *Célébes*, dans la prov. de Menado: TEYSMANN, FORSTEN. — L'échantillon de ZOLLINGER de Java, n. 1009, est remarquable par des folioles plus étroites.

7. MELIOSMA SAMBUCINA MIQ. *Millingtonia sambucina* JUNGH. *Tijdschr. Nat. Geschied.* VIII. *p.* 365. *Meliosma glauca* BL. *Rumphia l. c. tab.* 168 B.

Java. Sumatra occid.: KORTHALS; *boréal*, dans la région de Tobing: JUNGHUHN.

8. MELIOSMA FLORIBUNDA BL. *Rumphia l. c.* MIQ. *l. c.*

Probablement une variété de la précédente, trouvée dans l'île de *Java*.

9. MELIOSMA FERRUGINEA BL. *Cat. hort. Buitenzorg. p.* 32. *Rumphia l. c.* MIQ. *l. c. p* 616. *Millingtonia* NEES *bot. Zeitung*, 1825. *p.* 106.

10. MELIOSMA CONFUSA BL. *Rumphia l. c.* MIQ. *l. c. Suppl.* I. *p.* 520.

Sumatra, dans la prov. de Doukou: KORTHALS, en Priaman: DIEPENHORST.

11. MELIOSMA HIRSUTA BL. *Rumphia l. c. p.* 200. MIQ. *l. c.*

Sumatra occid.: KORTHALS; des échantillons luxuriants, feuilles ½ mètre de long, à folioles 17—27 de chaque côté.

12. MELIOSMA NITIDA BL. *Cat. hort. Buitenzorg. p.* 32. *Rumphia l. c. p.* 202, *tab.* 169. MIQ. *l. c. p.* 617. *Suppl.* I. *p.* 520. *Millingtonia* NEES *l. c. Irina integerrima* BL. *Bijdr. p.* 230. HASSK. *Pl. Jav. rar. p.* 284.

Commune dans les forêts de *Java* et de *Sumatra*, où KORTHALS découvrit en Doukou une forme à folioles plus petites elliptiques-oblongues, et dans la prov. de Battak JUNGHUHN.

13. MELIOSMA CUSPIDATA BL. *Rumphia l. c. p.* 202. MIQ. *l. c.*

Bornéo austral, sur le mont Sakoumbang: KORTHALS.

14. MELIOSMA SUMATRANA MIQ. *l. c. p.* 617, établie d'après le *Millingtonia sumatrana* JACK (HOOK. *Journ.* I. *p.* 272), découverte dans la petite île de *Poulou Nias*, est une espèce douteuse, à comparer avec le *M. nitida*.

PITTOSPORÉES.

PITTOSPORUM LINN.

I. *Calyx 5-partitus vel 5-sepalus.*

a. Pedunculi apice umbelliflori in corymbum terminalem conferti.

1. PITTOSPORUM JAVANICUM BL. *Mus. bot.* I. *p.* 159. *Itea javanica ej. Bijdr. p.* 863. *Pseuditea* HASSK. *Cat. Hort. bogor. p.* 160. *Pittosporum floribundum* HASSK. *Pl. Jav. rar. p.* 228, *quoad synn. cit., sed excl. syn.* W. *et* ARN. *nec non* ZOLLING. *Pitt. densiflorum* PUTTERL. *Synops. Pittosp. p.* 8. ZOLL. et MORITZ. *Syst. Verz. p.* 21. MIQ. *Flor. Ind. bat.* I. 2, *p.* 122. *Suppl.* I. *p.* 392.

Arbor; folia mediocriter petiolata, irregulariter sparsa superne subverticillatim conferta, e basi acuta oblongo- vel elliptico-lanceolata acuminata, raro elliptica obovataque, integerrima, seniora marginibus crispula, adulta glabra lucida pergamacea, subtus juniora in costa petioloque fusco-tomentosa costulisque utrinque 5—6 prominentibus plerumque erectiusculis tenere venosis; corymbus terminalis ex umbellis dense plurifloris terminalibus et axillaribus longe pedunculatis (pedunculi simplices vel ramulosi) compositus, cum calycibus fusco-tomentosus; calyx 5-partitus glabrescens, sepalis anguste lanceolatis acuminatis; capsulae subglobosae stylo rostellatae aurantiacae polyspermae.

Voisin du *P. floribundum* WIGHT et ARN., (dont j'ai comparé un échantillon des montagnes de Nilagiri,) il en diffère par des feuilles plus étroites et plus longues, des fleurs plus grandes, des capsules polyspermes, le calice poilu et par la forme des segments, qui sont obtus dans le *P. floribundum*. — Remarquons encore que la description donnée par Hasskarl dans ses *Pl. Jav. rar.* se rapporte au *P. ramiflorum*, espèce entièrement différente. — Dans l'espèce de Java les ramules sont presque cylindriques, recouvertes d'une écorce brunâtre à l'état sec, ponctuée par de petites lenticelles. Les jeunes pousses sont couvertes d'un tomentum épais roussâtre. Les feuilles un peu variables de forme et de grandeur ont p. ex. 11 centim. de long sur 4 de largeur, ou 13 sur 4, ou 12 sur 2½, ou quelques-unes plus larges et elliptiques, 10 sur 4½. A l'état adulte elles sont glabres ou munies d'une pubescence tomenteuse sur la surface inférieure, surtout sur la nervure médiane. Pédoncules et pédicelles couverts d'un indument poilu roussâtre, ceux-là ½ à 4 cent. de long, terminés par une espèce d'ombelle multiflore simple ou prolifère; bractées linéaires. Ovaire sessile. D'après une annotation de feu van Hasselt la capsule, couronnée du style, d'une texture coriace et d'une couleur orangée, est polysperme; graines enveloppées dans une matière élastique hyaline, la teste étant d'une texture molle et d'une couleur écarlatine. Embryon dressé à la base du périsperme, à cotyledons convolutés. Dans une autre note il attribue la couleur d'écarlate à la substance élastique même qui enveloppe les semences. Les capsules mûres de nos échantillons sont presque globuleuses ou obovoides rostellées, 1 centim. de long, à l'extérieur d'un brun noirâtre, intérieurement d'un brun pâle, l'endocarpe plissé transversalement; graines noires.

Java, sur le mont Salassi près du m. Parang, en fleur au mois de Juillet: BLUME; dans la même région: KORTHALS; au dessus de Tjikandi Jannasi: VAN HASSELT; une forme à feuilles plus minces près de Tjinoga: le même. Il le signale comme arbuste, d'autres comme arbre que les indigènes nomment *Ki honjé*.

Sumatra, dans la région de Mouara Sipongi: TEYSMANN. — KORTHALS en a rapporté un échantillon incomplet de *Bornéo*, différant par des feuilles plus larges, munies d'un nombre plus grand de veines latérales, qui pourrait appartenir au *P. moluccanum*.

2. PITTOSPORUM MOLUCCANUM MIQ. *Anasser moluccana* LAM. *Illustr.* II. *p.* 40, *n.* 2453. *Anassera moluccana* PERS. *Synops. Pl.* I. *p.* 265. *Anassera* RUMPH. *Herb. Amb.* VII. *tab.* VII, *excl. partim descript. p.* 12. *Pittosporum Rumphii* PUTTERL. *Syn. Pitt. p.* 7 (BL. *Mus. bot.* I. *p.* 160. MIQ. *l. c.* saltem quoad synonym., excl. specimine). *Itea javanica* ZIPPEL. *herb.*, non BL.

Ramuli saepe subverticillati teretiusculi; folia mediocriter petiolata per intervalla conferta, e basi attenuata acuta lanceolata acuminata, subcoriacea, glabra, novella subtus cum ramulis ochrascenti-pubescentia, senilia marginibus crispula, costulis arcuato-patulis utrinque circiter 8, remotius a margine unitis laxeque reticulatis, subtus valde prominentibus; inflorescentia terminalis dense multiflora contracta, e pedunculis inter folia suprema confertis simplicibus vel pauciramosis apice umbellifloris subappresse ochraceo-pubescentibus; calycis sepala ima tantum basi unita glabra vel glabriuscula lanceolata acuta; petala libera obverse lanceolata; ovarium villosulum; capsulae globosae, valvis intus pallidis a basi ad ½ alt. seminiferis. — *P. javanico* affine, foliorum forma, costularum numero majore et anastomosi, calyce glabro, capsulis minoribus diversum.

Branches munies de petites lenticelles. Feuilles rapprochées par des distances assez considérables en faux verticilles. Pétioles graciles 1—2 cent. de long, antérieurement canaliculés. Feuilles à la base très aiguës, à l'état sec en dessus olivacées-brunâtres, en dessous plus pâles, 8—9—10 cent. de long, 2—2⅔ de large au milieu. Pédoncules entre les feuilles supérieures disposés presque en verticilles, minces, 2—3 cent. de long, terminés eux-mêmes ou leurs petites ramules par des ombelles multiflores compactes, munies de bractées linéaires; boutons floraux d'une forme étroitement conique aigus au sommet. Pétales 6 mill. en longueur, lancéolées, rétrécies vers la base, au sommet extrême convolutées comme aiguës, parcourues de 3 nervures très-fines. Etamines plus courtes que les pétales, à filaments glabres, anthères ellipsoides légèrement obtuses à chaque extrêmité. Ovaire sessile oblong couvert d'une villosité apprimée, terminé d'un style court. Capsules extérieurement noirâtres, à l'intérieur lisses blanchâtres transversalement plissées, à valves orbiculaires, de 5 à 8 mill. en diamètre. Nous avons une forme un peu différente par des feuilles plus larges, 6 cent. de long sur 3 en largeur, mais du reste conforme à l'espèce.

Amboine : ZIPPELIUS, TEYSMANN.

3. PITTOSPORUM FERRUGINEUM AIT. *Hort. Kew. ed. alt.* II. *p.* 27. BENTH. *et* MUELL. *Fl. Austr.* I, *p.* 112. *Bot. Magaz. tab.* 2075. *P. ovatifolium* F. MUELL. *Fragm. Phytogr. Austr.* II. *p.* 78.

Nos échantillons s'accordent parfaitement avec ceux provenant de Rockhampton du Nord de la Nouvelle-Hollande; depuis cette région (le district de Queensland) cette espèce est dispersée sur les îles voisines, les Moluques jusque dans la péninsule de Malacca. — Ramules vers le sommet légèrement pubescentes; feuilles naissantes recouvertes d'un tomentum roussâtre assez épais, à l'état adulte parfaitement glabres, d'une forme obovée ou plus souvent elliptique-oblongue ou elliptique-lancéolée, terminées par une pointe oblique, 7 à 15 cent. de long sur 3¼ à 4¼ de large, à marges repandes et un peu ondulées. Capsule jeune globuleuse pubescente. — Par son calice il se rapproche du *P. javanicum* et *moluccanum*. L'inflorescence se montre ou en forme d'une panicule composée d'ombelles pédonculées, ou elle est plus contractée presque en forme d'un fascicule. TEYSMANN rencontra cette espèce dans l'île de *Ternate*.

b. Pedunculi in apice ramulorum pauci, racemoso-umbelliflori.

4. PITTOSPORUM CHELIDOSPERMUM BL. *Mus. bot.* I. *p.* 160, *fig.* 33. MIQ. *l. c.* — Pl. XXXIV.

Arborescens; folia sparsa et verticillato-conferta brevissime petiolata oblongo-lanceolata obtusiuscule acuminata deorsum vulgo angustata, integerrima vel repandula, membranacea, glabra, costulis utrinque circiter 6 arcuato-patulis ante marginem unitis, subtus venisque reticulatis prominentibus; pedunculi inter folia suprema 3—5 verticillato-conferti raro solitarii patule glanduloso-puberi bracteis paucis appressis muniti, apice racemoso-umbellatim floridi, pedicellis brevibus; calycis 5-partiti lobi anguste lanceolati acuminati hirtello-pubescentes; corollae campaniformi-tubulosae lobi breves obtusi recurvi; ovarium elongatum pubescens; capsula ellipsoideo-oblonga subcylindracea, placentis singulis 8-spermis.

Les branches, la couleur des feuilles et la nervation comme dans la suivante espèce. Les feuilles 12—15 cent. de long, 4—6 de large. Pédoncules 2 à 2½ centim. de long, portant à différentes hauteurs quelques bractées éparses lancéolées; pédicelles graciles 3—5 mill. de long, soupportées par des bractées linéaires-lancéolées. Sépales trinervulées. Pétales unies entre elles presque par toute sa longueur, surtout au commencement de la floraison. Étamines à filaments très graciles; anthères lancéolées légèrement obtuses au sommet, sagittiformes à la base. Style glabre, un peu plus court que l'ovaire. Ovules dans chaque placenta bisériées. Capsule mûre pergamacée, selon Blume 8—12-sperme, mais dans celle que j'ai examinée, je trouve de chaque côté 8 graines.

Nouvelle-Guinée: ZIPPELIUS, qui la nomma *Chelidospermum verticillatum*.

EXPLICATION DE LA PLANCHE XXXIV.

Fig. 1 branche en fleur, gr. nat.; 2 bouton floral et 3 fleur, trois fois gross.; 4 la fleur sans corolle, 6 fois gr.; 5, 5 anthères, 10 fois gr.; 6 pitil, 6 fois; 7 section de l'ovaire, 30 fois; 8 capsule dehiscente, de grandeur nat.; 9 graines.

5. PITTOSPORUM SINUATUM BL. *Mus. bot.* I. p. 161. MIQ. *l. c. p.* 123. — Pl. XXXV.

Arborescens; folia per intervalla verticillato-conferta subsessilia, elliptico-oblonga, elliptica obovatave, acuminata, deorsum magis minusve cuneata, integerrima sed pleraque asymmetrice sinuata, membranacea glabra, costulis utrinque 5—7—8 patulis reticulato-venosis; umbellae terminales breviter pedunculatae solitariae; flores....; capsulae obovoideae vel subglobosae majusculae glabrae aurantiacae crasse coriaceae 3—6-spermae; semina reniformi-angulata.

Par son port, la texture et la nervation des feuilles, leur couleur verte à l'état desséché, elle s'approche de la précédente, mais les fleurs étant inconnues sa place dans cette section reste douteuse. Les branches graciles sont ponctuées par des lenticelles éparses. Pétioles extrêmement raccourcis. Les feuilles, variables de figure et de grandeur, ont 8—12 cent. de long, $3\frac{1}{2}$—7 de large, conservant à l'état sec la couleur verte, parcourues par des nervures pâles. La capsule a la longueur de $2\frac{1}{2}$ centimètres. Graines enveloppées d'un enduit gélatineux.

Nouvelle-Guinée: ZIPPELIUS.

EXPLICATION DE LA PLANCHE XXXV.

Branche feuillée fructifère, de grandeur naturelle.

c. Inflorescentia terminalis fasciculiformis.

6. PITTOSPORUM NOVOGUINEENSE MIQ. *Pitt. Rumphii* BL. *Mus. bot.* I. p. 160, *quoad specimen, excl. syn.* PUTTERL. *et reliquis.*

Ramuli sursum puberuli; folia brevi-petiolata e basi attenuata lanceolata longe mucronateque acuminata integerrima vel leviter repandula, tenuiter membranacea (siccata viridia), glabra, costulis erecto-patulis ante marginem arcuato-unitis extraque anastomosin adhuc reticulatis prominentibus; inflorescentia terminalis fasciculiformis 6—7-flora subsessilis; calycis 5-partiti sepala anguste lanceolata acuminata glabra.

Branches graciles pâles, inférieurement glabres, vers le sommet avec les pétioles légèrement pubescentes. Pétioles antérieurement canaliculés, $\frac{1}{2}$—1 cent en longueur. Les feuilles qui ressemblent quant à la texture, la nervation et la couleur verte à l'état desséché à celles du *P. chelidospermum* et *P. sinuatum*, ont ordinairement 11—18 cent. de long, $2\frac{3}{4}$—$4\frac{1}{2}$ de large. Les fleurs de nos échantillons ne sont pas encore parfaitement développées.

L'arbre *Anasser*, décrit et dessiné par Rumphius (*Herb. Amb.* VII p. 12, *tab.* 7) comprend,— la comparaison du texte avec la planche nous en peut convaincre, — plus d'une espèce, et il paraît que Lamarck et Persoon et après eux Putterlick se sont servis seulement de la planche pour rédiger la diagnose de l'*Anassera moluccana* ou *Pittosporum Rumphii*. C'est à tort que M. Blume a rapporté à cette espèce la plante de la *Nouvelle-Guinée*, qui n'est conforme ni à la planche ni au texte de Rumphius et pour combler la confusion, il a ajouté plusieurs caractères transcrits de l'ouvrage de Rumphius, à ceux observés dans l'échantillon de la *Nouvelle-Guinée*. Heureusement j'ai trouvé dans nos collections d'Amboine, où Rumphius avait découvert son Anasser, une espèce qui représente exactement la figure de la table 7 dans le VIIème volume de *l'Herbarium Amboinense* et que j'ai décrite comme *P. moluccanum*.

Nouvelle-Guinée: ZIPPELIUS.

II. *Calyx 5-dentatus.*

a. Umbellae terminales et subterminales.

7. PITTOSPORUM TIMORENSE BL. *Mus. bot.* I. *p.* 160. MIQ. *l. c. p.* 122. *Senacia undulata* DECAISN. *in N. Annal. Mus.* III. *p.* 429, *non* LAM. *Anassera Rumphii* SPANOGH. *herb.* — Pl. XXXVI.

Rami teretiusculi; folia per intervalla conferta mediocriter petiolata, basi acuta, alia majora elliptico-oblonga, pleraque obverse lanceolata acuta vel subapiculata, marginibus repando-crispula, coriacea, adulta glabra, novella subtus in costa petioloque fuscule pubera, subtus pallidiora costulisque teneris utrinque 13—19 pertensa; pedunculi tenues pubescentes terminales subterminalesque umbella simplici vel subprolifera seu racemo contracto terminati; calyx campaniformis inaequaliter 5-dentatus glabrescens; ovarium tomentosum; capsula ellipsoidea polysperma, pericarpio crasso.

Cette espèce, confondue par M. DECAISNE avec le *Pittosporum undulatum* VENT., atteint probablement la stature d'un arbre. Les branches d'une couleur blanchâtre sont glabres, les jeunes pousses recouvertes d'une pubescence assez dense, mais qui tombe de bonne heure. Dans les échantillons de Timor les pétioles antérieurement canaliculés, ont la longueur de 2 à 3 centimètres, à l'état sec d'une couleur brunâtre; les feuilles desséchées sont d'un brun moins foncé, tirant à l'olivacé, sur la surface inférieure plus pâle parcourues de veines primaires patentes entre lesquelles un réseau de veinules très tendres, les plus larges de 18 cent. en longueur sur 6 de largeur, mais la plupart d'une forme plutôt lancéolée, de 11 à 16 en longueur sur 2 à $3\frac{1}{2}$ en largeur. Les pédoncules naissent du sommet des branches et des aisselles des feuilles supérieures, d'un aspect gracile, pubescentes, pendant la floraison de 3 centim. de long, terminés par un racème contracté en forme d'ombelle ou d'une ombelle prolifère, à bractées linéaires caduques, pédicelles très-pubescentes de 5 à 7 millim. de long. Fleurs blanches, d'une odeur agréable. Calice court, à l'état développé presque glabre, à dents un peu inégales ovées obtuses et aiguës. Pétales spathulées-linéaires, au sommet obtuses obscurément émarginées. Étamines un peu plus courtes que les pétales, surpassant un peu le style, à filaments graciles, anthères linéaires-lancéolées, à la base sagittiformes. Ovaire ellipsoïde-oblong pubescent, surpassant légèrement en longueur le style glabre. Capsule $1\frac{1}{4}$ cent. de long., à péricarpe épais, polysperme.

SPANOGHE en a rapporté un seul échantillon de l'île de *Timor*, où il habite les terrains calcaires. Les échantillons en fruit, trouvés par FORSTEN dans l'île de *Célébes*, dans les forêts de la prov. de Gorontalo, le 7 Oct. 1841, ne semblent par différer de l'espèce de Timor; seulement les feuilles sont plus rapprochées lancéolées et obovées-oblongues, p. ex. 18 cent. de long, 6 de large, mais ordinairement plus petites, de chaque côté avec 10—18 nervures latérales, glabres, les jeunes pousses recouvertes d'un indument gris. Les fruits très-jeunes encore d'une forme presque globuleuse, noirs à l'état sec, bivalves, endocarpe lisse plissé transversalement, vers la base oligosperme.

EXPLICATION DE LA PLANCHE XXXVI.

Fig. 1 Rameau en fleur, d'après l'échantillon de Timor, de gr. nat.; 2 bouton floral, trois fois gr.; 3 fleur, 3 fois gr.; 4 la même sans la corolle, 6 fois gr.; 5 pétale, 6 fois gr.; 6 section transversale de l'ovaire, 30 fois gr.; 7 ovules fortement gr.; 8 branche capsulifère, gr. nat.

b. Racemus terminalis in fasciculum contractus.

8. PITTOSPORUM FISSICALYX MIQ. *n. sp.* Ramuli subteretes; folia per intervalla subverticillato-approximata terna-quinave, mediocriter petiolata e basi decurrenti-attenuata obverse oblonga subacuminata marginibus undato-crispula, subcoriacea, adulta glabra, costulis utrinque 9—13 patulis subtus prominentibus venisque reticulatis instructa; racemus compositus fasciculiformi-contractus terminalis sessilis petiolos adaequans, axi rufo-pubescente bracteato, ramulis 1—3-floris; calyx campaniformis coriaceus obtuse 5-dentulus, sub anthesi uno latere fissus, juvenilis extus pubescens; petala 5, vel 2 connatis passim 4, linearia obtusula; staminum filamenta subulata; ovarium appresse pubescens.

Branches cylindriques pâles lisses, munies de lenticelles rares et petites; ramules presque cylindriques; pétioles subtrigones, antérieurement canaliculés, à l'état jeune légèrement poilus, après glabres, à l'état sec d'une couleur noir-brunâtre, 1—3 ordinairement 2 centim. de long. Feuilles adultes glabres, desséchées à la page supérieure brunâtres, à l'inférieure plus pâles avec des nervures pâles légèrement courbées, 14—24 cent. de long, 5—7 au-dessus du milieu en largeur. Entre les deux ou trois feuilles supérieures est située l'inflorescence dense très courte fasciculée, composée comme une panicule simple, à peine surpassant les pétioles, villeuse, à branches fort raccourcies 1—3-flores; pédicelles surpassant très-peu la longueur du calice, qui est légèrement pubescent dans la jeunesse, ensuite entièrement glabre. Pétales, rangées dans le bourgeon en forme d'un cylindre étroit, imbriquées au sommet, au commencement de la floraison unies vers la base, à la fin libres, patentes, linéaires, un peu angustées vers la base, d'une texture un peu épaisse, 10—12 mill. de long. Filaments comprimés vers la base; anthères dressées dorsifixes lancéolées, à la base sagittiformes, au sommet aiguës, d'une couleur orangée. Ovaire ovoïde à deux placentas pluriovulées, recouvert d'une pubescence apprimée, terminé par un style court glabre; stigma discoide Ile de *Bourou*, à Oki: TEYSMANN.

c. Paniculae ex axillis denudatis laterales, ramis subumbellifloris

9. PITTOSPORUM RAMIFLORUM ZOLLING. mss. MIQ. *Flor. Ind. bat.* I. 2, *p.* 122. *Glyaspermum ramiflorum* ZOLLING. *et* MORITZI *in Nat. en Geneesk. Archief v. Neérl. Indie* II. *p.* 11. — Pl. XXXVII.

Arbuscula glabra humilis, ramulis lenticellosis; folia per intervalla approximata e basi acuta obverse oblonga rarius oblongo-lanceolata, oblique acuta, crispule subrepandula, pergamacea, costulis utrinque 5—6 subdistinctioribus aliisque tenuioribus crebro tenuiterque reticulatis; paniculae corymbosae ex axillis inferioribus defoliatis, vulgo a basi divaricate ramosae densae, ramulis subumbellulifloris; calyx brevis latus subpelviformis obtuse 5-dentatus; ovarium substipitatum villosule pubescens, stylo brevi crasso; capsulae parvulae globosae rostellatae polyspermae, seminibus subreniformibus.

Arbrisseau du port d'un Rhododendron. Branches cylindriques, pâles, ponctuées par de petites lenticelles. Feuilles rapprochées par des intervalles en faux verticilles, de 2 à 4, au sommet ordinairement en plus grand nombre, supportées par des pétioles canaliculés en face, noirs à l'état sec, de 2 à 2½ cent. de long, elles-mêmes d'une texture pergamacée, glabres, luisantes, 10—11 centim. en longueur, 5 à 6 de large, munies de plusieurs veines latérales réticulées, dont quelques-unes, p. ex. 5 à 6 un peu plus distinctes. Les inflorescences naissent au-dessous de la partie feuillée des branches, sortant des aisselles défeuillées, à branches glabres ou presque glabres de trois centimètres en longueur, terminées par une ombelle ou un racème raccourci 3-plurifiore. Fleurs pédicellées. Calice presque campaniforme, plutôt pelviforme, glabre, d'un pâle vert, à dents ovées obtuses plus pâles que le tube. Corolle surpassant de beaucoup le calice, glabre blanche 5-pétale. Pétales cohérentes jusqu' à la moitié, du reste patentes, concaves à la base oblongues-elliptiques à 5 nervules dont les extérieures plus courtes, 6—7 millim. en longueur. Étamines de la longueur du tube de la corolle, à filamentes semicylindriques, légèrement élargis au milieu, glabres ou rarement munis de quelques poils; anthères dressées lancéolées, au sommet légèrement émarginées, introrses, brunâtres, à loges séparées à la base. Ovaire ellipsoïde d'un vert pâle, pubescent par des poils apprimés; des ovules nombreuses couvrent les deux placentas saillants dans toute leur longueur. Style court, termine par un stigma légèrement convexe visqueux, d'une couleur verte. Capsule d'abord charnue, puis coriace, bivalve, oblongue-ovoïde, d'une couleur orangée, 7 mill. de diamètre. Graines nombreuses, presque réniformes, enveloppées d'une matière glutineuse un peu résineuse.

Java, sur le mont Gedé, rare; elle se cultive dans le jardin botanique à Tjipannas, où elle fleurit au mois d'Avril et Mai; les capsules sont mûres en Octobre et Novembre: ZOLLINGER. — FORSTEN rencontra la même espèce dans l'île de *Célébes* dans le district de Tondano, en Juill. 1840, en fruit.

EXPLICATION DE LA PLANCHE XXXVII

Fig. 1 branche en fleur, gr. nat., d'après l'échantillon de Zollinger; 2 ramule de l'inflorescence; 3 la fleur sans la corolle; 4 calice; 5 étamines vues des deux côtés; 6 ovaire; 7 style; 8 ovaire, 9 ovule, figg. 3—9 grossies; 10 fruits de grandeur nat. d'après l'échantillon de Célébes, qui, quoique je n'aie pas vu les fleurs, paraît parfaitement identique avec l'espèce de Java.

III. *Flores incogniti; pedunculi axillares et extraaxillares solitarii monocarpi.*

10. PITTOSPORUM BRACKENRIDGEI A. GRAY in *Unit. Stat. Explor. Expedit., Phanerog.* I. p. 225, tab. 17, fig. A.

Ramuli graciles albidi; folia ad apicem eorum conferta, caeterum interjectis intervallis nudis subverticillato-conferta, breviuscule petiolata, e basi subdecurrente attenuato-acuta obovato-oblonga, apice rotundato plerumque emarginata, subcoriacea, glabra, costulis striiformibus utrinque 8—12 interjectis tenuioribus aliis, sub lente reticulatis; pedunculi solitarii infraapicales interfoliacei monocarpi; capsula ellipsoideoglobosa leviter angulata, pericarpio crasso, placentis prominentibus medio subcontiguis pluriserialiter polyspermis, seminibus angulato-globulosis.

Quoique je n'aie pas vu les fleurs, je n'hésite pas d'identifier nos échantillons avec l'espèce de GRAY, décrite et figurée d'après un échantillon des îles de *Fiji*. Elle diffère du *P. tobiroides ej. ibid. fig.* B par des feuilles plus allongées. Pétioles noirâtres à l'état sec, semicylindriques canaliculés, gonflés vers la base, 1—2, la plupart 1¼ cent. de long. Feuilles ordinairement au sommet retuses, rarement obtuses, jamais aiguës, à bords entiers, munies de veines tendres et rapprochées, 8 cent. de long sur 3¾ de large, ou 13 de long sur 5 de large. Pédoncules solitaires 2 centim. de long, simples, portant des capsules non encore parfaitement mûres, remplies de graines noires.

Ile de *Halmaheira*: TEYSMANN.

11. PITTOSPORUM MONTICOLUM MIQ. *n. sp.* Ramuli teretes; folia mediocriter

petiolata sparsa, per intervalla confertiora, e basi acuta elliptico-oblonga vel ellipticolanceolata acuminata marginibus valde crispulis quasi eroso-dentata, coriacea, glabra, subtus venis costalibus teneris 9—12 utrinque patulis interdum indistinctis; pedunculi solitarii inter folia laterales et axillares, indivisi, (nunc) glabri; capsula obovoideooblonga rostellata (non stipitata), glabra, polysperma, endocarpio flavido-nitente, placentis tuberculosis a basi ad apicem polyspermis.

Par la figure de ses feuilles elle rappelle en quelque manière le *P. timorense;* mais elle se distingue par l'inflorescence et son fruit beaucoup plus grand. — Branches pâles glabres. Pétioles graciles antérieurement canaliculés, 2—3 cent. de long. Les feuilles, par des intervalles plus rapprochées, mais ne constituant pas de faux verticilles, à l'état desséché sur la surface supérieure d'une couleur noirâtre, en dessous plus pâles et parcourues de veines secondaires très fines, se montrent généralement d'une moindre longueur que chez le *P. timorense.* Pédoncules 3 cent. de long. Capsules immatures plus ou moins turbinées, les matures plus obovoïdes, rostellées, 3 cent. de long, extérieurement noirâtres opaques, intérieurement luisantes d'un jaune d'or, à placentas tuberculeuses. Graines noires.

Java, province de Kediri, sur la mont Kawi à 6000 pieds d'élévation: TEYSMANN.

ESPÈCES DE PTEROSPERMUM ET DE BÜTTNERIA.

PTEROSPERMUM SCHREB.

1. PTEROSPERMUM ACERIFOLIUM WILLD., WIGHT et ARN. *Prodr.* I. *p.* 69. WIGHT *Icon.* II. *tab.* 631. ZOLLING. et MORITZ. *Syst. Verz. p.* 27. *Pt. diversifolium* BL. *Bijdr. p.* 88. HASSK. *in Tijdschr. Nat. Geschied.* XII. *p.* 124. *Pl. Jav. rarior. p.* 316. KORTHALS *in Nederl. Kruidk. Archief,* I. *p.* 312. *Pt. fuscum* KORTH. *ibid.* MIQ. *Flor.* I. 2, *p.* 192. *Pentapetes acerifolia* CAVAN. *Dissert.* III. *p.* 130, *tab.* 44.

Folia obovato-oblonga, apice diversiformia, truncata, brevi-acuminata, dentatosinuata vel subintegerrima, saepe obliqua, basi profunde cordata, vario gradu peltata aut basifixa, uberiora vel plantae junioris lata 3—5-lobata peltataque, subtus canescentia; pedunculi axillares petiolo multo breviores; involucellum a flore paullo distans, caducum; capsula e basi abrupte constricta elliptico-oblonga pentagona apice acuta, bombacino-furfurea, 5-locularis, loculis 8-spermis.

L'examen des échantillons authentiques de BLUME, conservés dans notre Musée, ne laisse aucun doute que son *Pt. diversifolium* n'appartienne comme synonyme au *Pt. acerifolium*. — Par rapport à la patrie de cette espèce, depuis longtemps cultivée dans nos serres, WIGHT et ARNOTT ont exprimé des doutes sur son indigénat dans la Peninsule Indienne. Certainement elle est indigène dans les îles de l'Archipel Indien, où elle habite par préférence les régions basses, maritimes, les rivages des fleuves, etc. Dans l'île de *Java* elle fut rencontrée à l'état sauvage près de Batavia par BLUME et VAN HASSELT, près de Savarna par HASSKARL, dans les régions maritimes du sud de l'île par KORTHALS. Les indigènes l'appellent „Tjërlang". — D'après VAN EASSELT c'est un grand arbre à feuilles diversiformes; dans son herbier j'ai vu des feuilles peltées lobées 10—11-nervées, ou plus correctement 7-nervées, les autres nervures étant plutôt des nerfs secondaires sortant de la base des nervures primaires extérieures; les feuilles non peltées ou à peine peltées sont oblongues ou ovées-oblongues, ou obovées-oblongues, rarement équilatérales, ordinairement plus ou moins obliques, à la base 7—9-nervées et munies en haut dans toute la longueur du limbe de veines latérales assez fortes. De l'île de *Sumatra* je ne connais pas d'échantillons suffisants, bien que dans la prov. de Palembang PRAETORIUS ait receuilli une feuille (sous le nom indigène de Bajour Lang) assez large, courtement trilobée 5-nervée peltée, mais qui me paraît à peine appartenir à cette espèce, s'approchant plutôt de plusieurs espèces de *Mappa* et de *Rottlera*. Dans le sud de *Bornéo* au bord de la grande rivière Dousson KORTHALS recueillit de magnifiques échantillons, avec des capsules un peu plus grandes, de 7—8 cent. de long (dans celles de Java 6½), qu'il a nommé dans son herbier *Pt. Mülleri*, mais qui représentent sans doute l'espèce dont il fait mention dans son mémoire sous le nom de *Pt. fuscum*. Les fleurs n'offrent aucune différence avec celles de Java; les sépales ont 13 cent de long, égalant les pétales étroitement spathulées. — De l'île d'*Amboine* TEYSMANN et DE VRIESE ont rapporté des échantillons stériles.

2. PTEROSPERMUM SUBSESSILE MIQ. *Flor. Ind. bat. Suppl.* 1. p. 166 et 403. Folia brevi-petiolata paullo supra basin subcuneato-truncatam vix excentrice peltata, ovato-, vel elliptico-oblonga aut ovato-elliptica, abrupte acute plerumque longe acuminata integerrima, chartacea, supra glabra (ad petioli insertionem tantum tomentella), subtus densissimo tomento gilvo arachnoideo-implexo obducta costulisque utrinque 6—7 (quarum 5 circiter perquam distinctae), infima extrorsum pinnatim venosa, omnibus perspicue transverse venosis; stipulae caducae; flores.... — Foliorum basi non uno tantum latere sed utrinque costulam seu nervum extrorsum pinnatim venosum exserente a plerisque affinibus tuto discernitur.

La forme des feuilles, l'insertion du pétiole ordinairement très-court, la nervation et les veines transversales très-distinctes sur la page inférieure lui donnent un port caractéristique. Dans les échantillons de Sumatra les feuilles ont 17 à 8 cent. de long, sur 8 à 4 de large; dans ceux de Célébes 13 cent. de long sur 5½—6 de large. En général les échantillons de ces deux îles offrent très peu de différences, si ce n'est la nervation qui par des veines extrorses sortant de la base du nerf latéral inférieur, constitue quelquefois dans ceux de Célébes l'aspect de 7 nervures latérales primaires.

Sumatra occidental, dans la prov. de Priaman: DIEPENHORST. *Célèbes*, dans les forêts de Tondano: FORSTEN, dans la province de Menado: TEYSMANN et DE VRIESE.

3. PTEROSPERMUM ELONGATUM KORTH. *in Ned. Kruidk. Arch.* 1. *p.* 312. MIQ. *Fl. Ind. bat.* 1. 2, *p.* 192. Folia brevi-petiolata, e basi obliqua vel inaequaliter cordata vel lato- truncato-rotundata oblonga leviter inaequilatera abrupte breviter acuminata, integerrima vel superne obsolete repandula, coriacea, supra glabra, subtus furfure stellato rufo-obducta dein cinerascentia, costulis utrinque praeter basalem 6 erecto-patulis transverse venosis, basali seu septima ad ½ alt. ducta baseos latioris extrorsum pinnato- (7) venosa, baseos angustioris pauciore venarum numero intructa; capsulae elongatae angusto-pentagonae, apice abrupte acuminatae, versus basin attenuatae, glabrae, coriaceae, loculis circiter 6-spermis.

Cette espèce très caractérisée par son fruit, a un port plus robuste que la précédente. Pétioles presque cylindriques, antérieurement légèrement sillonnés, de 6—8 millim. Feuilles à l'état sec pergamacées, en dessus brunâtres ou noirâtres glabres, en dessous recouvertes pendant la jeunesse d'un indument furfuracé ferrugineux qui après la chute des poils stellés dont il est composé, fait place à une villosité grisâtre très apprimée composée de poils tendres entrelacés; la grandeur des feuilles est variable, p. ex. 15 cent. de long, 7½ de arge, 16 de long, 7 de large, d'autres n'atteignant que 6¼ à 8 cent. en longueur. Les capsules sont attachées (vers le haut des branches feuillées) à de petites branches axillaires ou plutôt à des pédoncules de 3 cent. de longueur glabres, n'offrant à l'état de fructification qu'un seul pédicelle de 1—1½ cent. de long et pubescent. Le gynophore est de 1½ cent.; la capsule elle-même, 11½—12¼ cent. de long, est étroite, pentagone, chaque face de 1½ à 2⅓ cent. en largeur. Il y a d'autres pédoncules axillaires offrant des restes de 2 à 3 fleurs, avec un gynophore anguleux, un ovaire glabre pentagone oblong.

KORTHALS découvrit ce Pterospermum dans le sud de *Bornée*, aux bords de la grande rivière de Banjermassing, le Dousson, et dans la région de Kompay.

4. PTEROSPERMUM CELEBICUM MIQ. *n. sp.* Ramuli juniores stellato-furfurelli; folia breviter petiolata, e basi valde inaequali-cordata (lobo majore ramulum tegente) ovato-oblonga distincte vel parum inaequilatera breviter acuminata integerrima coriaceo-pergamacea, juniora subtus ochrascenti-furfurea, furfure dejecto indumento subtili implexo caesio-glauca, demum fere glabrescentia, costulis utrinque circiter 6 fere 7 (praeter basalem) patulis rectangule venosis, basali utrinque accedente, lateris majoris extrorsum distincte venosa, angustioris lateris margini proxima simpliciore; pedunculi in apice ramulorum axillares et terminales conferti bifidi et simplices, stellato-furfurei; alabastra oblongo-conica; sepala extus ochraceo-furfurea, intus griseo-pubescentia, linearia acuminata, fere ad basin libera; petala elliptica iis subaequilonga extus hic illic pube stellata adspersa; ovarium globoso-ovoideum dense pubescens.

Cette espèce a bien des rapports avec le *Pt. elongatum*, duquel je n'ai pas vu les fleurs, tandis que du *celebicum* les capsules me sont inconnues. Cependant il n'est pas difficile de distinguer ces deux espèces; d'abord par la forme des feuilles et les nervures basales égales dans *l'elongatum*, inégales dans le *celebicum*; l'ovaire pubescent dans l'une, glabre dans l'autre espèce. — Pétioles $\frac{1}{2}$—$\frac{3}{4}$ cent.; feuilles 12 à 13 cent. de long, $5\frac{1}{2}$—$6\frac{3}{4}$ de large, terminées par une pointe plus développée; les feuilles supérieures sont ordinairement plus petites, $6\frac{1}{2}$ cent. de long, $2\frac{1}{2}$ de large. Pédicelles 2 cent. en longueur, surpassant de beaucoup le pédoncule. Les sépales ont $3\frac{1}{2}$—4 cent. en longueur, vers la base 4 ou à peine 5 mm en largeur. L'ovaire, d'une forme presque globuleuse, est recouvert d'une pubescence épaisse.

Célébes, près de Relang, entre les arbrisseaux, au mois d'Octobre 1840: FORSTEN.

5. PTEROSPERMUM SUMATRANUM MIQ. *n. sp. Pt. javanicum (Blumeanum)* e *Sumatra* KORTH. *l. c. p.* 312. Ramuli novelli rubiginoso-furfurei; folia brevissime petiolata (petioli tomentosi), e basi lata rotundato-truncata leviter inaequali ad petiolum emarginata vix subcordata lato-ovata vel ovato-oblonga plerumque mediocriter acuminata integerrima vel superne obiter repandula, juvenilia ochraceo-furfurea dein glauco-cinerea, indumento tenuissimo floccoso-implexo obducta, costulis utrinque (praeter basalem) 5 vix 6 subpatulis rectangule transverse venosis, basali ad $\frac{1}{3}$ alt. perducta extrorsum pinnato-venosa; flores in apice ramulorum axillares solitarii et subterminales subconferti; sepala ad basin libera linearia acuta utrinque attenuata extus furfurella, intus pubescentia; petala elliptico-oblonga obtusa deorsum attenuata, extus perraris pilis stellatis adspersa; ovarium dense griseo-pubescens.

Espèce très-distincte des précédentes, s'approchant légèrement du *javanicum* quoique au premier abord elle se distingue par la forme non oblique et la nervation des feuilles, etc. — Pétioles ½—¼ cent. de long, couverts d'un duvet ordinairement blanchâtre sur la surface antérieure, roussâtre sur l'inférieure. Feuilles 14—12—11—9 cent. de long, sur 7½—7—6½—5½ en largeur, la plupart un peu inéquilatérales, rarement légèrement cordées à la base, terminées par une pointe médiocre ou plus longue, d'une texture presque coriacée, en dessus glabres, en dessous parcourues de veines latérales prominentes, dont les supérieures sont beaucoup plus tendres que les autres. Sépales 5¼ cent. de long, 4 millim. de large, recouvertes d'un indument semblable à celui du *Pt. javanicum*. Pétales 4¾ cent. de long Gynophore glabre, presque 1 cent. en longueur. Ovaire globuleux-elliptique, 4 millim. de long.

Sumatra occidental, dans l'Indrapoura, sur les bords du Salait: KORTHALS.

6. PTEROSPERMUM JAVANICUM JUNGH. *in Tijdschr. Natuurl. Gesch. en Physiol.* VII. *p.* 306 (a. 1840). MIQ. *Fl. Ind. bat.* I. 2, *p.* 192. *Pt. Blumeanum* KORTH. *in Nederl. Kruidk. Archief* I. *p.* 311 (a. 1848). MIQ. *Fl.* I. 2, *p.* 191. *Pt. suberifolium* et *Pt. lanceaefolium* BL. *Bijdr. p.* 87 (MIQ. *l. c. p.* 192), *non alior.* (*si auctor in Bijdragen auctorem nomini specifico non addidit, Prodr. Candoll. intelligendus*). *Pt. subinaequale* MIQ. *Fl. Suppl.* I. *p.* 166 *et* 404 et *Pt. parvifolium ej. l. c. p.* 166 *et* 403 (*formae leviter recedentes*).

Arbor elata; folia brevi-petiolata (petiolis tomentosis) e basi hinc valde resecta inaequilatero- oblongo- vel elliptico-ovata, breviter vel magis distincte acuminata, integerrima vel superne obiter repandula, subcoriacea, supra glabra, subtus griseoferrugineo-tomentosa, basi trinervia, nervis lateralibus usque fere ad ½ alt. perductis, eo lateris resecti secus marginem decurrente indiviso, latioris lateris nervo extrorsum venas 4—5 exserente, caeterum e nervo medio costulis utrinque circiter 4—5 patule erectis donata; pedunculi axillares rubiginoso-tomentelli aut uniflori petiolum superantes aut biflori; sepala fere ad basin libera linearia acuta extus ochraceofurfurella, intus subflavescenti-pubescentia; petala spathulato-oblonga sepalis paullo breviora, pilis stellatis extus adspersa; ovarium brevistipitatum ellipsoideum, cum styli aequilongi parte inferiore stellato-pubescens.

Il n'y a pas de doute que BLUME ne s'est trompé en considérant les formes de cette espèce tantôt comme le *Pt. lanceaefolium* ROXB. tantôt comme le *Pt. suberifolium* WILLD. En effet les deux espèces énumérées dans les Bijdragen ne sont que des formes à peine différentes d'une même espèce. C'est un arbre élevé, selon BLUME de 40 à 60 pieds, selon JUNGHUHN de 60 à 70 pieds, (sur une des étiquettes je trouve même „160 pieds"). Pétioles 3 à 5 mill. de long, recouverts antérieurement d'un duvet gris-blanc, à l'autre côté plutôt ferrugineux. La grandeur et la figure des feuilles offrent bien des modifications, mais l'obliquité et l'inégalité de la base offrent des caractères constants; la base des unes est plus aiguë, chez d'autres plus obtuse; le sommet terminé ordinairement d'une courte pointe aiguë, développe plus rarement une pointe plus prononcée. Dans les échantillons de BLUME, dits *suberifolium*, les feuilles sont très-inégales à la base, le côté large qui est arrondi surpassant du double l'autre côté, pendant que celui-ci est presque entièrement resecté; quelques feuilles offrent par leur obliquité un aspect trapéziforme; la surface inférieure, quoique toute recouverte d'un duvet épais presque ferrugineux, tirant à l'âge avancé plutôt au gris, montre assez clairement les nervures, mais les veines ne sont pas nettement dessinées. La grandeur varie de 5 à 8 cent. en longueur sur 2 à 4 de large. Dans d'autres échantillons de BLUME, inscrits *suberifolium* ou *lanceaefolium*, les feuilles ont 4 à 7 cent. de longueur, quelquefois 8 à 11 de long sur 4 à $5\frac{1}{4}$ de large. Fort rare est l'exemple de quelques feuilles ayant 15 cent. de long, $6\frac{1}{2}$ de large. En cas de pédoncules bifides, chaque pédicelle est uniflore, de $1\frac{1}{4}$ à 1 cent. de long. Les boutons floraux jeunes ont une figure ovoïde, à l'état plus avancé passant à une forme plus cylindrique. Sépales dans la fleur $3-3\frac{1}{4}$ cent. en longueur, $3-3\frac{1}{2}$ millim. en largeur, extérieurement recouvertes d'un duvet furfuracé, intérieurement d'une pubescence ordinaire. L'ovaire après la floraison a avec son gynophore la longueur de $1\frac{1}{4}$ cent. Le fruit m'est inconnu.

Dans l'île de *Java* ce grand arbre, nommé Tjĕrlang, croît dans les forêts vierges des régions inférieures montueuses, p. ex. sur le mont Parang, près de Negara, en Malang, où REINWARDT et BLUME le rencontrèrent pour la première fois, près de Anjer, sur le Gounoung Bouki: VAN HASSELT (forme à feuilles plus pointues), sur les versants du mont Gedé depuis 2000 à 4000 pieds: JUNGHUHN, en Tjanjour: HASSKARL. — Dans l'île de *Sumatra* il a été trouvé par TEYSMANN dans le distr. Lolo, par DIEPENHORST dans le distr. Priaman, et ce sont ces échantillons que j'ai publiés sous les noms de *parvifolium* et de *subinaequale*.

Observ. Le *Pterospermum lanceaefolium* ROXB. distribué dans l'herbier indien de HOOKER *fil.* et THOMSON, recueilli dans le *Khasia*, n'a pas encore été trouvé dans l'Archipel; il ressemble beaucoup par son aspect, par la figure des feuilles et surtout par la couleur de son duvet au *javanicum*, mais les feuilles sont plus étroites, plus allongées, longuement acuminées, touchant à la forme lancéolée, $12-7$ cent. de long, sur $4-2\frac{1}{4}$ de large, à la base moins inégales, munies d'un nombre moindre de veines latérales, p. ex. de 2 à 3, excepté la veine basale. — Une espèce semblable, mais probablement différente de ces deux, se trouve à l'état stérile dans notre collection; elle fut rapportée par PERROTTET des *îles Philippines*.

BÜTTNERIA LOEFFL.

À l'époque où je décrivis dans ma Flores trois espèces de ce genre, qui a son siège principal en Amérique, je ne pouvais que copier leurs diagnoses publiées, n'ayant pas d'échantillons à ma disposition. Plus heureux à présent, j'ai pu examiner deux de ces espèces d'après les échantillons authentiques, la troisième m'étant déjà auparavant connue par un dessin colorié exécuté d'après le vivant. Ces trois espèces, quoiques très-distinctes les unes des autres, ont en commun plusieurs caractères; elles sont frutescentes, à tiges volubiles ou sarmenteuses, dépourvues, à l'exception des capsules, d'aiguillons sur les organes végétatifs; les feuilles sont longuement pétiolées, plus ou moins cordiformes, à bords entiers; les inflorescences plus ou moins cymeuses; et enfin les pétales sont terminées par une ligule simple filiforme.

1. BÜTTNERIA REINWARDTII KORTH. *Ned. Kruidk. Archief* I. *p.* 310. MIQ. *Fl. Ind. bat.* I. 2, *p.* 184. Caulis volubilis teres; folia longe petiolata e basi rotundata leviter cordata ovato-oblonga acuminata integerrima coriacea, praeter basin 3- sub- 5-nerviam costulis utrinque circiter 4 patule arcuato-arrectis transverse venosis donata, in nervis utrinque pilis stellatis adspersa; paniculae axillares inferne nudae vel ad exortum fasciculis florum auctae, elongatae, angustae, floribus per fasciculos distantes alternos oppositosque dispositis, bracteis lanceolatis majusculis dense vel sparse stellato-pubescentibus, pedicellis gracilibus; calycis lobi sublanceolati extus pubescentes; petalorum ligula simplex tenuissime filiformis alte exserta arcuata vel subcircinata.

Tiges recouvertes d'une écorce brun-noirâtre, glabres. Pétioles (alternes, distants) anguleux droits, de 3 à 4½ cent. de long. Feuilles d'une couleur brunâtre à l'état sec, coriaces, au premier abord glabres, montrant sous la loupe des poils stellés raides, munies de nervures fortes saillantes en dessous où les veines transversales se montrent aussi très distinctes, 22 cent. en longueur sur 10 à 11 en largeur, ou 20 de long sur 10 de large; d'autres sur les branches latérales offrent des dimensions plus petites. Les panicules (dont les fascicules sont plutôt des cymes contractées) axillaires, souvent de 18 à 20 cent. en longueur, quelquefois seulement de 8 cent., sont pédonculées ou sessiles, munies alors de fascicules florifères depuis la base. Les fleurs de la grandeur du *B. angulata*, plus grandes que celles du *flaccida*. Pédicelles très grêles. Poils du calice stellés. Pétales munies d'un onglet court, partie cuculliforme courte; de leur sommet sort une ligule, qui dépasse de beaucoup le calice, extrêmement mince filiforme courbée en arc, couverte de poils patents. Anthères elliptiques.

Bornéo austral, où elle a été découverte dans les forêts du mont Pamatton par KORTHALS.

2. BÜTTNERIA ANGULATA HASSK. *Catal. Hort. Bogor.* p. 204. *Tijdschr. Nat. Gesch. en Phys.* XII. p. 118. MIQ. *l. c.* p. 185. Inermis scandens, ramis quinque-angulatis junioribus rubenti-subpuberis; folia longissime petiolata saepe subgeminato-approximata e basi mediocriter cordata rotundato-ovata obtusa vel apiculata, mucronata, integerrima, praeter basin 5-nerviam costulis utrinque 4 oppositis vel suboppositis donata, novella puberula; cymae axillares solitariae vel geminae tenues pedunculatae petiolo sub anthesi breviores dichotomae laxae pauciflorae, floribus brevi-pedicellatis; calycis cinnabarino-rubescentis lobi triangulares; petalorum cucullus flavescens, ligula eo paullo longior fusiformi-filiformis acutata glabra recta erecta; ovarium globosum setulosum, stylo brevi, stigmate subcapituliformi; capsula pendula globosa dense setosa. — *B. javanica* SPANOGH. *Icon. ined. colorata.*

Pétioles 5—9 cent. de long; feuilles 10—13 cent. en longueur, sur 11 à 8 en largeur. Cymes de 5 à 7 cent. à ramifications patentes, et fleurs courtement pédicellées. Lobes du calice séparés jusqu' à la base, triangulaires-lancéolés, formant des boutons floraux coniques d'un beau rouge. Partie inférieure ou cuculliforme des pétales d'une couleur jaune, surmontée d'une ligule très-étroite acuminée glabre d'un rouge foncé. Capsule encore verte 3 cent. de diamètre, attachée au sommet à un pédoncule de 9 cent.

Java, dans la prov. de Bantam: SPANOGHE, HASSKARL.

3. BÜTTNERIA FLACCIDA SPANOGH. in *Linnaea* XV. p. 174. *Icon. ined. tab.* 18. MIQ. *l. c.* p. 184. Caulis volubilis obtusangulus; ramuli novelli cum foliis subtus stellato-puberi; folia longe petiolata e basi profunde et aperte cordata ovato-rotundata abrupte mediocriter acuminata integerrima chartacea 7-nervia et paucicostulata; paniculae cymosae axillares tenues ramosissimae densae stellato-pubescentes petiolum circiter aequantes; alabastra ovoideo-pentagona parva viridula; calycis lobi sublanceolati stellato-puberi; petalorum cucullatorum ligula simplex filiformis tenuissima glabra; capsula subovoidea acuta lignosa nigrescens, spinulis difformibus (partim deciduis?) armata.

Par son inflorescence multiflore et les fleurs plus petites elle s'éloigne des deux espèces précédentes. Pétioles 4 à 10 cent. de long. Feuilles d'un vert foncé, à l'âge adulte glabres, 11 à 13 cent. de long, 8 à 10½ de large ou 14¼ en longueur sur 11¼ de largeur, ou plus petites et plus arrondies, p. ex. 6½ de long et de large; au lieu de 7 nerfs basilaires on peut lui en attribuer seulement 3 ou 5, dont les latéraux sont extérieurement pinnaté ramifiés, de manière que de ces veines latérales les inférieures comptent pour des nerfs primaires. La partie cuculliforme des pétales égale la longueur du calice. La capsule de 3 cent. de long n'offre pas d'aiguillons réguliers mais plutôt difformes; elle se sépare par des fissures septicides en 5 loges, dont chacune s'ouvre au dos et au ventre par une fissure jusqu'à ¼ de sa longueur.

Timor, dans les régions montueuses: SPANOGHE.

REVUE DES BALSAMINÉES.

HYDROCERA BL.

1. HYDROCERA TRIFLORA WIGHT et ARN. *Prodr.* I. *p.* 140. MIQ. *Fl. Ind. bat.* I. 2, *p.* 132. *Impatiens triflora* LINN. *I. angustifolia Cat. Hort. Buitenzorg. p.* 49, *non* BL. *Bijdr. p.* 259. *Hydrocera angustifolia* BL. *Bijdr. p.* 241. *Conf.* BURM. *Thesaur. Zeyl. tab.* XVI, *fig.* 2.

Java, dans les marais près de Batavia, dans les endroits humides de la prov. de Bantam: BLUME. — *Bornéo*, dans la région de Bandjermassing, à Poulou-Lampei: KORTHALS. — Elle est probablement répandue par l'Archipel entier.

IMPATIENS LINN.

A. *Oppositifoliae* HOOK. *fil.* et THOMS. *in Journ. Linn. Societ.* IV. *p.* 112. Feuilles ou toutes opposées ou quelques-unes opposées, d'autres ternées, quelquefois toutes verticillées en plus grand nombre. Pédicelles axillaires, solitaires ou fasciculés, uniflores, très-rarement biflores.

a. feuilles verticillées de 5 à 10.

1. IMPATIENS CYCLOCOMA MIQ. *n. sp.* Glabra, erecta, caulibus inaequaliter tetragonis simplicibus vel brevi-ramosis, nodosis, internodiis quam folia longioribus, foliis verticillatis 5^{nis} usque 10^{nis} petiolatis, inferioribus minoribus obovatis ellipticisque, reliquis elliptico-lanceolatis, utrinque praesertim versus apicem attenuatis, mucronato-serratis, versus basin ciliatis, subtus pallidis venis utrinque 5—6; pedunculi axillares folia non superantes; flores pallide rosei „vexillo purpureopunctato", calcare recto florem superante; ovarium glabrum.

La disposition des feuilles donne à cette espèce un port très-singulier. À l'aisselle des pétioles se trouvent de fausses stipules ciliiformes. Les petioles sont graciles glandulifères ou entièrement dépourvus de glandes, 1—2—2½ cent. de long. Les feuilles d'une texture herbacée vertes en dessus, très-pâles blanchâtres en dessous, parcourues de veines fines roussâtres à l'état sec, 6 cent. de long, les inférieures 1½ cent. Pédoncules 4—6 cent. de long, ordinairement deux à trois provenant d'un verticille, parfois seulement des verticilles supérieurs, qui sont composés de 10 feuilles. Éperon 2½ cent. de long; fleurs de 2 cent. en largeur. Labellum légèrement concave.

Java, dans la prov de Bogor près de Gedok: KUHL; dans les forêts du mont Manellawangi à 9200 pieds: JUNGHUHN.

Observ. N'ayant pas vu le N°. 1911 de l'herbier de ZOLLINGER représentant *l'I. radicans* ZOLL. et MOR. *Syst. Verz. p.* 14 (non BENTH. in WALLICH *Cat.*) trouvée sur le Pangerango à 8000, je ne puis pas décider que notre *cyclocoma* soit cette espèce. L'espèce que HASSKARL a prise pour le *radicans* est une forme de la suivante.

b. feuilles opposées ou vers le sommet des tiges verticillées ternées.

2. IMPATIENS LATIFOLIA LINN., HOOK. *fil.* et THOMSON *Journ. Linn. Soc.* IV. *p.* 124. WIGHT *Icon.* III. *tab.* 741. BL. *Bijdr. p.* 239. MIQ. *Flor. Ind. bat.* I. 2, *p.* 131 (*excl. Balsamina cornuta* HASSK.). *Impatiens radicans* HASSK. *Hort. Bogor.* I. *p.* 143 (*excl. syn.*). Erecta succulenta majuscula; folia petiolata pleraque opposita, superiora ternato-verticillata, oblongo-ellipticove-lanceolata acuminata, serrato-crenata, serraturis mucronulatis; pedunculi axillares uniflori erecti folium fere aequantes; sepala lateralia oblongo-lanceolata subfalcata, labellum oblongum mucronatum, calcare filiformi florem superante recto vel saepius curvato, vexillum transverse ovale emarginatum.

Formas induit diversas:

α *vulgaris*, foliis elliptico-lanceolatis vel inferioribus obovalibus, majusculis, floribus amplis, calcare arcuato.

C'est la forme la plus commune, provenant dans les régions non très-élevées et qui en formant quelquefois des tiges plus ramifiées, des feuilles plus petites et plus elliptiques, passe à *l'Impatiens Leschenaultii* DC., espèce que l'on pourrait considérer comme une forme du *latifolia*.

Java, dans des endroits humides près de Buitenzorg: KUHL, BLUME, dans les forêts près de Gedok dans la prov. de Bogor: KUHL et VAN HASSELT, sur le Megamendong: ZIPPELIUS, sur le mont Gedé et dans les forêts supérieures du m. Oungarang: KORTHALS, JUNGHUHN. — Une forme à feuilles plus petites fut trouvée à Jati-Kalangan par TEYSMANN.

β *parvifolia*, foliis oppositis et plerisque verticillatis lanceolatis vel ellipticolanceolatis; floribus majusculis.

Pétioles ½—1 cent., feuilles 4—5 cent. de long. — *Bornéo*, sur le mont Pamatton: KORTHALS. — *Java*, sur la cime du mont Karang: VAN HASSELT.

γ? *novoguineensis*, debilis flaccida, foliis oppositis longe petiolatis lato ovalibus, teneris, floribus speciei.

Par son port elle s'éloigne beaucoup du type de l'espèce, en se rapprochant plutôt du *I. celebica* par la forme des feuilles; mais celles-ci sont toutes opposées, dans le *celebica* au contraire aussi verticillées.

Nouvelle-Guinée: ZIPPELIUS.

Observ. I. radicans HASSK. (*excl. syn.* ZOLLING.) doit être rangée parmi les formes du *latifolia*, selon la description donnée dans le *Hort. Bog.*, mais l'espèce de ZOLLINGER, décrite dans la *Syst. Verz. p.* 14, représente vraisemblablement notre *I. cyclocoma*.

3. IMPATIENS CELEBICA MIQ *n. sp.* Glabra, erecta; folia longe petiolata verticillato-terna quaternave (infima passim opposita), e basi acute attenuata lanceolato-oblonga acuminata serrulato-crenulata, crenis mucronuliferis, subtus glauca; setae stipulares axillares paucae; pedunculi axillares brevissimi subnulli biflori, pedicellis elongatis gracillimis; sepala obovoidea; calcar rectum gracile flore longius.

Voisine du *I. latifolia* elle ressemble aussi par son port et par le grandeur et l'aspect des fleurs à l' *I. latiflora* HOOK. *fil.* et THOMS. Les entrenoeuds, anguleux à l'état sec, ont la longueur de 3—8 centim. Sétules stipulaires à l'aisselle des pétioles; ceux-ci 2—4½ cent. de long. Feuilles desséchées très-membraneuses, d'un vert foncé en dessus, d'une couleur glauque cendrée en dessous, parcourues de veines très fines à peine réticulées, la plupart plus ou moins lancéolées, d'autres un peu plus larges, 8—17 cent. de long, 5 à 3 de large. A la base des pédicelles qui ont 5 cent. en longueur, se trouve une bractée fort petite lancéolée. Etendard obové-arrondi? 2 cent. de large. Éperon 3 cent. de long.

Célébes, dans la prov. de Menado: TEYSMANN.

4. IMPATIENS ZIPPELII MIQ. *n. sp.* Erecta glabra majuscula; folia opposita et verticillato-terna rarius quaterna longissime petiolata (petiolo nudo vel pauciglanduloso, ad axillas esetuloso) e basi longe attenuata lanceolata acuminata crenata, crenis ad sinus calliferis, callis deorsum in cilias transeuntibus; pedunculi superne axillares solitarii graciles; capsulae elliptico-oblongae glabrae.

Je n'ai pas voulu passer sous silence cette espèce quoique les fleurs en sont encore inconnues, d'abord parce qu'elle paraît être nouvelle et surtout comme représentant la seconde espèce d'un pays dont la végétation est encore si peu explorée. — Les tiges (ou branches?) simples ont un pied de haut. Pétioles 4 à 6 cent., feuilles 13 à 14 cent. de long, sur 2½ à 3 de large, membraneuses, d'un vert foncé, parcourues de veines tendres patentes. Pédoncules fructifères 9 cent., capsules 2 cent. de long. D'autres échantillons de la même espèce offrent des pétioles plus courts, des feuilles plus petites et moins larges, p. ex. 10 cent. de long et 2 en largeur.

Nouvelle-Guinée: ZIPPELIUS.

5. IMPATIENS JAVENSIS STEUD., MIQ. *Fl. Ind. bat.* I. 2, *p.* 131. *Balsamina javensis* BL. *Bijdr. p.* 240. Repens, ramis erectis vulgo elongatis tetragonis, nunc teneris nunc robustis, novellis hirtulis; folia opposita longe petiolata (petioli ad axillam setuloso-stipulacei) e basi acuta elliptica acuminata, crenato-serrulata, crenis calliferis inferioribus setuliferis, juniora supra brevi-pubera, subtus glauco-pallida et floccoso-rufo-pubescentia, venis utrinque 4—5; pedunculi in axillis supremis solitarii folium aequantes pilosuli; flos explanatus; sepala pubera; calcar flore duplo longius, rectum vel rectiusculum; vexillum retusum linea mediana pilosa percursum, passim (an semper?) basi calcaris minuti specie saccatum.

β *glabrior*, foliis mox glaberrimis acute et magis perspicue acuminatis.

γ *caespitosa*, ramosior, caespitoso-repens, foliis brevi-petiolatis ellipticis minoribus; sepalis glabrioribus.

δ *robustior* (*I. sumatrana* MIQ. *Fl. Suppl.* I. *p.* 161, 369), ramis longis strictis, partibus junioribus omnibus densius villosis, foliis crassioribus.

Dans la forme ordinaire de cette espèce on remarque déjà plusieurs variations; surtout la grandeur des organes est très-variable; les feuilles p. ex. se montrent de 7—3 cent. de long, munies en dessous à l'état jeune, surtout sur les nerfs, d'une villosité roussâtre comme les pétioles et les jeunes ramules; ordinairement chaque branche porte vers son sommet deux fleurs; pédoncules 4 cent. en longueur; boutons floraux ovoïdes à éperon recourbé et apprimé; sépales poilues; dans la floraison l'éperon, surpassant du double la fleur, est droit patent et de 3 cent. de long, quelquefois à l'extrémité très-légèrement courbé. — Dans d'autres échantillons plus jeunes les tiges sont dressées non rampantes. — Les pédoncules ont 6 cent. de long, fleurs 2 à 2½ cent. de large, l'étendard muni à la base d'un petit éperon. KUHL attribue à la fleur une couleur violette très-pâle, intérieurement pourprée. Quelques échantillons sont presque parfaitement glabres.

Java, aux bords des ruisseaux sur les montagnes élevées, p. ex. sur le mont

Megamendong, aux bords du Tjiberrem: BLUME, ZIPPELIUS, sur le Pangerango à 640': KUHL, sur le Papandajang: KORTHALS; la variété *caespitosa*, dont le port rappelle en quelque sorte l' *I. Lawii* HOOK. *fil.* et THOMS., a été trouvée par JUNGHUHN à 4000 pieds d'élévation sur le Pengalengan. — De l'île de *Sumatra* JUNGHUHN rapporta la variété *robustior*, croissant dans la prov. de Padang à des endroits humides, et KORTHALS une forme glabre plus tendre de la prov. de Doukou.

6. IMPATIENS BORNEENSIS MIQ. *n. sp.* Erecta vel repens; folia opposita (passim terna) breviter vel longiter petiolata, juniora utrinque cum ramulis villoso-pubescentia, e basi acuta elliptica subacuminata, setulis patulis serrulato-ciliolata, subtus glauco-pallida venisque utrinque 6 patulis notata, glabrata, setis stipulaceis ad petioli axillam obviis; pedunculi superne axillares solitarii pauci, vulgo graciles pilosuli folia subsuperantes; flores explanati, labello parvo elliptico concavo setiformi-apiculato (fusco) subglabro in calcar rectum descendens apice subdilatatum caeterum filiforme flore duplo longius excurrente; sepala lateralia petalcidea subobovata; petala apice emarginata, vexillum obtriangulatum margine superiore concavo.

Semblable à la précédente; hormis pour les caractères de la fleur, elle est plus petite, plus glabre, à feuilles glauques en dessous, parcourues à chaque côté de 6 veines, 2 à 5, ordinairement 4¼ cent. de long. Pédoncules 4 cent. de longueur, fleurs 2—2½ cent. de large; éperon 4 cent.; capsule ellipsoïde glabre, comme celle du *javensis*. — Elle varie, presque parfaitement glabre, à feuilles inférieures plus ou moins arrondies, les supérieures étant elliptiques-lancéolées, etc.

Bornéo austral, sur le mont Sakoumbang: KORTHALS.

7. IMPATIENS HIRSUTA STEUD., MIQ. *Fl.* I. 2, *p.* 131. *Balsamina hirsuta* BL. *Bijdr. p.* 240 (*an et* SPANOGHE *in Linnaea* XV. *p.* 185?). Herbacea rufo-hirsuta non vel parce ramosa; folia opposita brevi-petiolata (petiolo hirsuto, apice pauci-glanduloso) ovato-oblonga subacuminata, serrulato-crenulata, crenis quibusdam glandula munitis, supra sparse pubera glabrescentia, subtus cinereo-pallida, juvenilia rufo-hirsuta subglabrescentia, venis utrinque 8 erecto-patulis notata; pedunculi superne axillares (vel fere terminales) gracillimi pilosi folia quidquam excedentes; flos explanatus; sepala lanceolato-ovata acuminulata puberula tenera, labellum conforme, calcare flore longiore leviter curvato patente, vexillum obtriangulatum linea pubescente dorsali; petala lateralia 4 elliptica obtusa.

Je n'ai vu qu'un seul échantillon provenant probablement de l'herbier de REINWARDT. Quoique voisine de *l'I. javensis* elle s'endistingue non seulement par la villosité roussâtre dense, les feuilles courtement pétiolées, leurs veines plus nombreuses, par des fleurs plus grandes, mais plus sûrement encore par l'organisation de la fleur qui nous offre d'abord 3 sépales presque conformes petites, brunâtres à l'état sec, beaucoup plus petites que les pétales; celles-ci au nombre de 5, dont 2 latérales à chaque côté, qui, comme la transparence des parties le fait voir clairement, ne sont pas unies à la base pour former une seule bilobée; n'ayant malheureusement qu'une seule fleur à ma disposition, j'ai hésité de la sacrifier à un examen plus détaillé.

La tige de notre échantillon est simple, à la base aphylle et munie de quelques radicelles, du reste dressée, un decimètre de haut; pétioles ½ cent., d'une villosité dense comme la partie supérieure de la tige et les jeunes feuilles. Celles-ci obtuses ou arrondies à la base, terminées d'une pointe courte au sommet, 5 à 6 cent. en longueur, $2\frac{1}{2}$—$2\frac{3}{4}$ en largeur. Pédoncules 5 cent. de long. Sépales parcourus de nervules très fines, très-minces et beaucoup plus petits que la corolle, 6 à 7 millim. de large; éperon dans le bouton recourbé en arc apprimé, vers la floraison déroulé plus patent, formant un arc légèrement adscendent, dans la pleine floraison presque droit en position horizontale, $3\frac{1}{2}$ cent. de long. Fleur expliquée $3\frac{1}{4}$ cent. de large. Etendard obtriangulé deltoide, à marge supérieure arrondie, parcouru dans toute sa longueur d'une ligne saillante pubescente, égalant en longueur les pétales (qui ont une forme elliptique obtuse) 2 cent. de long, mais les surpassant de beaucoup en largeur.

Java, à Tilou Pontjak prov. de Tjanjor, aux bords des ruisseaux: REINWARDT. — N'ayant pas vu la plante de *Timor*, signalée sous ce nom par SPANOGHE, je conserve du doute sur cette synonymie.

8. IMPATIENS NEMATOCERAS MIQ. *n. sp.* Erecta, a basi fastigiato-ramosa, ramulis foliisque parce minute puberis; folia opposita vel suprema etiam quaterna, brevissime petiolata (ad axillas setulis stipulaceis), e basi acuta elliptica vel superiora sublanceolata acuminata, minute mucronato-serrulata deorsum ciliata, venis utrinque 6; pedunculi axillares solitarii in superiore ramulorum parte, folia aequantes, uniflori; sepala lateralia ovata, labellum ovatum acutum, calcare tenuissimo gracillimo arcuato-arrecto vel recto; corolla 5-petala, vexillo obtriangulato, petalis lateralibus subcuneatis.

Espèce d'un port gracile par ses branches allongées presque fastigiées, un pied de haut, avec une racine fasciculée fibreuse, la tige dressée gracile comme les branches, inférieurement glabres, du reste munies d'une pubescence très-fine. Pétioles 2—4 mm. de long, rarement pour les feuilles inférieures $1\frac{1}{2}$ cent., antérieurement canaliculés; offrant à l'aisselle des sétules stipulaires; feuilles membraneuses presque chartacées, à l'état sec peu transparentes, d'une couleur verte, plus pâles en dessous, $2\frac{1}{2}$—5 cent. de long, 7 mill. à $2\frac{1}{4}$ cent. de large. Pédoncules 3 cent. de long; la fleur 7—8 millim. d'une couleur de lilac; éperon 2 cent.; sépales semipellucides; étendard obtriangulé comme deltoide à marge supérieure légèrement concave, à chaque côté deux pétales cunéiformes emarginées au sommet.

Java, sur le mont Sebou entre des arbustes, où elle provient comme plante annuelle: JUNGHUHN.

9. IMPATIENS TEYSMANNI MIQ. *Fl. Ind. bat. Suppl.* I. *p.* 162, 396.

Glabra, ramosa; folia opposita distincte petiolata (petioli axilla stipulaceo-setifera), elliptico-lanceolata vel ovato-oblonga, acuminata mucronato-serrulata, subtus pallida, venis utrinque circiter 7 adscendentibus pertensa; pedunculi axillares gemini folio breviores vel aequales; sepala lato-ovata mucronato-cuspidulata; labellum concavum subglanduloso-apiculatum calcare longissimo arcuato-reflexo; petala obovata, vexillum apice mucronatum.

Feuilles 5—8 cent. de long, 2½—3 de large, ordinairement opposées, quelquefois au sommet des branches ternées. Pédoncules graciles. Capsule ellipsoide oligosperme.

Sumatra occidental, près de Battang-Barous: TEYSMANN.

10. IMPATIENS MICRANTHA MIQ. *Fl. Ind. bat.* I. 2, *p.* 132. *Balsamina micrantha* BL. *Bijdr. p.* 240. *I. Blumei* ZOLL. et MOR. *Syst. Verz. p.* 13. Erecta, e nodis infimis radicans, foliisque ramisque oppositis, junioribus foliisque praesertim subtus quam tenerrime puberis, adultis glabris, brevi- vel mediocriter petiolatis (petioli ad axillam paucisetulosi) e basi decurrenti-cuneata ellipticis vel elliptico-oblongis mediocriter acuminatis, praeter apicem et basin decurrentem crenato-serratis,. crenis superioribus calliferis, inferioribus ciliiferis; pedunculi axillares graciles folium ½ aequantes, uniflori; flores exiles, calcare recto descendente florem superante.

Par la petitesse des fleurs, l'éperon allongé, etc. elle se rapproche un peu du *I. Kleinii* W. et ARN., HOOK. *fil.* et THOMS. *l. c. p.* 122, mais le défaut de glandes à la base des feuilles l'en fait distinguer au premier abord. J'ai examiné l'échantillon unique dans l'herbier de BLUME et d'autres cultivés dans le Jardin botanique d'Utrecht; ces derniers offrent quelques changements, comme p. ex. la plupart des feuilles alternes et plus petites, aiguës à la base, non cunéiformes. L'échantillon de Java a des pétioles de ½ à 2½ cent. de long, des feuilles de 5 à 7½ cent. de long, sur 2—2¾ de large, à veines patentes-ascendentes. Eperon 1 cent. de long.

Java, aux bords des ruisseaux sur la montagne Gédé: BLUME.

11. IMPATIENS MINUTIFLORA MIQ. *Fl. Ind. bat.* I. 2, *p.* 132. *Balsamina minutiflora*s PANOGHE *in Linnaea* XV. *p.* 185. Caulis erectus tetragonus; folia opposita ovato-lanceolata acuminata setaceo-serrata glabra; pedicelli subsolitarii folio breviores, calcar flori minuto albicanti aequale incurvum.

Je ne connais cette espèce que par la diagnose citée de l'auteur.
Timor, dans la région montueuse sur les rochers calcaires: SPANOGHE.

B. *Uniflorae* HOOK. *fil.* et THOMSON *l. c. p.* 130. Feuilles alternes, pédoncules axillaires uniflores.

12. IMPATIENS BALSAMINA LINN. MIQ. *Fl. Ind. bat. l. c. p.* 130. *Balsamina hortensis* DC. *Prodr.* I. *p.* 685. BL. *Bijdr. p.* 239. SPANOGHE *in Linnaea* XV. *p.* 185. Glabra vel pubescens, subsimplex vel ramosa, foliis alternis petiolatis lato- vel angustius lanceolatis utrinque attenuatis, serratis, petiolo glandulifero, sepala minuta lato-ovata, labellum pubescens cymbiforme calcare tenui elongato; capsula brevis tomentosa.

Parmi les nombreuses variétés de cette espèce qui est généralement répandue dans les Indes orientales depuis l'île de Ceylon jusque dans le sud de la Chine, nous avons d'abord la forme ordinaire ramifiée, à feuilles larges-lancéolées, signalée par RUMPHIUS *Herb. Amb.* V, *p.* 256, *tab.* 90 sous le nom de *Lacca herba*; elle croît probablement dans toutes les îles, certainement à *Java* dans des endroits humides, à Timor, à *Célébes*, où FORSTEN la receuillit dans les plantations de café et dans les champs de riz près de Tondano, à feuilles parfaitement glabres. — Une autre forme très distincte, le *Balsamina angustifolia* BL. *Bijdr. p.* 239 (*Impatiens angustifolia* STEUD., *I. Balsamina, forma longifolia* W. et ARN.) provient avec la forme ordinaire; BLUME l'a trouvée dans la prov. de Bantam de *Java*. — Comme troisième je cite la *var. rosea* HOOK. *fil.* et THOMS. *l. c. p.* 131, MIQ. *Fl. Ind. bat. Suppl.* I. *p.* 396 (*I. rosea* LINDL.) trouvée à *Java* par KORTHALS et par KURZ à *Bangka*. Sa tige est ordinairement simple, rappelant l'*I. chinensis*.

C. *Lateriflorae* HOOK. *fil.* et THOMSON *l. c. p.* 113. Feuilles alternes, pédoncules axillaires solitaires ou rarement fasciculées, 2—3-flores, ou par avortement uniflores.

13. IMPATIENS JUNGHUHNII MIQ. *n. sp.* Simplex?, inferne aphylla, radicans; folia alterna e basi in petiolum mediocrem praesertim sursum glandulosum continuata elliptico-oblonga subacuminato-acuta, crenato-serrata, serraturis mucrone apice glanduloso terminatis, glabra, herbacea, firmula, subtus pallida venis utrinque 4—5 arcuato-adscendentibus notata; pedunculus (1 in supp. tantum obvius) subterminalis, bracteis 3—4 ovatis parvis rudimentum alabastri singulis velantibus, obsitus, ipse uniflorus; flos flavus majusculus campaniformis, sepalis lato-ellipticis

nervoso-striolatis, labello campaniformi in calcar parumper curvulum continuato; petala biloba, vexillum amplum emarginato-bilobum.

Cette belle espèce, dont nous n'avons qu'un seul échantillon et que JUNGHUHN signale comme fort rare, aura sa place près du *I. bella, porrecta* etc. dans la classification de M.M. HOOKER *fil.* et THOMS. *l. c. p.* 138. — Tige 25 cent. de haut, à en juger d'après les parties adhérentes, croissant probablement entre les gazons de Hypnum et d'autres mousses terrestres. Pétioles 1—3 cent., feuilles 8½ cent. de long, 3 de large. Pédoncule 3 cent.; la fleur mesure 4 cent. de haut. Sépales 8 millim.

Sumatra, dans les forêts les plus élevées du mont Loubou Radja dans le district de Tapanouli inférieur, en fleur en Novembre („flos luteus") „rarissimé": JUNGHUHN.

14. IMPATIENS KORTHALSII MIQ *n. sp.* Debilis, simplex succulenta; folia alterna petiolata (petioli glandulis stipitatis superne sparsim ciliati vel et plane nudi) e basi acuta elliptica acuta vel saepe elliptico-oblonga acuta vel subacuminata grossiuscule serrato-crenata, crenis glanduloso-setuliferis, setulis longulis vel ad glandulas reductis, tenuiter membranaceis supra novellis sparse flaccide puberis cito glabratis, subtus pallidis venis utrinque 6—8 patulis; pedunculi superne axillares tenues glabri saepe ad ¼ alt. bracteis 2 non raro oppositis linearibus instructi, vulgo biflori; flos flavus; sepala naviculari-elliptica, labellum subinfundibuliforme in calcar longum gracile fere rectum excurrens; petala obovato-oblonga; vexillum bilobum.

Cette espèce est plus voisine encore du *I. bella* HOOK. *fil.* et THOMS. que la précédente; elle en pourra être distinguée par les feuilles plus longuement pétiolées, plus allongées et plus fortement crénées, par les fleurs plus petites, par les pédoncules et l'éperon entièrement glabres. — Plante tendre flaccide à l'état sec, conservant la couleur verte des feuilles et le jaune des fleurs, 10—15 cent. de haut. Pétioles 1—5 cent. de long. Feuilles d'un vert foncé en dessous et à l'état de jeunesse munies de poils flaccides caduques, à l'état adulte glabres, très-pâles en dessous, 4 à 9 cent. de long, 2½—3½ de large. Pédoncule flaccide glabre, muni à la bifurcation de 2 bractées vertes linéaires glabres opposées, où l'on trouve une bractée à la bifurcation du pédoncule et 2 autres semblables sur un des pédicelles. Fleurs d'une couleur jaune égale. Éperon surpassant 2 cent. en longueur, obscurément courbé, plus souvent presque droit. Étendard 2 cent. de haut bilobé. Ovaire glabre elliptique-linéaire, ellipsoïde à l'état plus avancé.

Sumatra, partie occidentale, sur le mont Melintang et en Poulou Bessi: KORTHALS.

15. IMPATIENS DIEPENHORSTII MIQ. *Fl. Ind. bat. Suppl.* I. *p.* 162, 397. Humilis, pauciramosa, folia alterna breviter petiolata lanceolata acuta, serrato-crenata crenis mucronulatis, basi petioloque superne stipitato-glanduloso, supra setulis brevibus deciduis adspersa, subtus pallida glabra vel glabriuscula venisque densiusculis et prominulis notata; pedunculi axillares solitarii folia non superantes superne approximato- 3—6-flori, bracteis deciduis lanceolato-ellipticis; flores flavi graciliter pedicellati; labellum infundibuliforme ore extrorsum mucronatum, deorsum in calcar conicum dein filiforme descendens rectum continuatum.

On pourrait ranger cette espèce dans la section suivante selon la définition de M.M. HOOKER *fil.* et THOMS., mais il est plus exact de rapporter ici aussi les espèces à racème contractée en forme d'ombelle ou de capitule. — Elle forme des tiges peu rameuses, avec des feuilles alternes, dont les supérieures sont beaucoup plus rapprochées que les inférieures, de 3—5 cent. de long, munies aux crénatures de mucron's courts et caducs, qui vers la base et dans la partie supérieure du pétiole forment des glandes stipitées. Pédoncules égalant à peu près les feuilles; bractées lancéolées-elliptiques; pédicelles graciles; fleurs jaunes; labellum court oblique infundibuliforme, à l'orifice extérieurement muni d'un mucro assez long. Sépales ovales petits légèrement verts. Éperon au sommet conique, du reste filiforme droit et descendant.

Sumatra occid., dans la prov. de Padang, près de Battang Barous, Boukit Silit: TEYSMANN.

16. IMPATIENS PYRRHOTRICHA MIQ. *Fl. Ind. bat. Suppl.* I. *p.* 162, 396. Ramosa, erecta, radicans?; folia alterna longiuscule petiolata (petiolo superne utrinque cum folii basi, glandulis perisoideo-stipitatis 2—4 aucto), e basi attenuata integerrima ovalia vel obovalia apiculata vel obtusiuscula, grossius serrato-crenata, crenis antice obtuso-mucronulatis, supra sparse, subtus praesertim in nervis cum petiolis, ramulis, pedunculis, et floribus pilis flaccido-emorientibus fusco-hirtella; pedunculi axillares demum elongati racemulate 3—?—2—1-flori, bracteis lanceolato-ellipticis; flos flavus; sepala lata; calcar in alabastro calycem aequans; petala obovata.

L'échantillon examiné n'offre que des boutons floraux, pas de fleurs développées. — L'espèce paraît être voisine du *I. puberula* DC. (HOOK. *fil.* et THOMS. *l. c. p.* 141). Les feuilles, toutes alternes, se montrent très-rapprochées vers le sommet des tiges et varient de 3 à 10 cent. de longueur. Quelques échantillons sont plus glabres.

Sumatra occid., près de Palembajan et sur le mont Singalang: TEYSMANN.

17. IMPATIENS ALBO-FLAVA MIQ. *Fl. Ind. bat. Suppl.* I. *p.* 162, 396. Glabra,

erecta; folia alterna plerumque longe petiolata (petioli axilla stipulaceo-glandulata) e basi acuta vel attenuata vulgo glandulis pedicellatis marginalibus munita elliptica pleraque acute breviuscule acuminata, ciliato-serrulata (setulis apice glanduloso-incrassatis); pedunculi seu pedicelli gemini axillares basi pedunculo] communi brevissimo passim fere deficienti uniti, folio breviores; sepala subovato-rotundata lateraliter mucronato-apiculata, cum labello concavo subaequilongo viridula, calcare brevissimo tenui (an plane efformata?); corolla „albo-flava"; capsula (immatura) suboblique clavata.

C'est une espèce peu connue; elle rappelle le port du *I. Teysmanni*, mais s'en éloigne par la disposition alterne des feuilles. Selon l'inflorescence elle pourrait être admise parmi les *Uniflorae*, mais par son aspect et la présence d'un pédoncule commun elle appartient à plus juste titre aux *Lateriflorae*. Les fleurs n'étant pas parfaitement développées, les caractères, tirés des parties florales, restent très-douteux, surtout p. ex. celui d'un éperon court et mince. — Les feuilles, très-pâles en dessous, et munies de 10 veines à chaque côté, varient de 4 à 13 cent. en longueur.

Sumatra occidental, dans la région de Lalo: TEYSMANN.

Observ. I. discolor DC. de l'herbier de ZOLLINGER (n. 876), m'est encore inconnue. Trouvée à Java elle serait le seul représentant des *lateriflorae* dans cette ile, les autres ayant toutes été découvertes à Sumatra.

D. *Umbellatae capitatae* HOOK. *fil.* et THOMSON *l. c. p.* 142. Feuilles alternes, rapprochées vers la partie supérieure d'une tige simple. Pédoncules axillaires, portant au sommet des fleurs disposées en ombelle ou en corymbe.

18. IMPATIENS PEREZII TEYSMANN *mss. in* MIQ. *Choix de plant. rar. ou nouv. du Jardin de Buitenz. tab.* V. Folia alterna distantia longe petiolata (petiolo regulariter dentiformi-glanduloso) e basi acuta elliptico-lanceolatove-oblonga acuminata serrato-crenata, firmiter herbacea, venis patulis vel erecto-patulis utrinque 7—9 subtus prominentibus; pedunculi axillares bi- vel trifidi, pedicellis quam pedunculus longioribus, bracteis lanceolatis viridibus amplectenti-appressis; flos magnus aurantiacus; sepala ovata acuta viridi-flava, labellum campaniforme calcare arcuato-adscendenti florem ½ aequante; petala inaequilatera unilateraliter biloba, vexillum obovato-latum acutiusculum.

Tige épaisse charnue, d'une couleur brunâtre tirant au violet. Pétioles 3 à 5 cent. de long, feuilles 11 à 13 en longueur, 4 à 4½ de large. Pédoncules de 2, pedicelles jusqu'à 5 cent. en longueur, d'une couleur verte. Fleurs 4 cent. de haut.

Sumatra occidental, d'où elle fut introduite dans le Jardin de Buitenzorg par M. TEYSMANN, qui dédia cette belle espèce à M. DE PEREZ, membre du conseil des Indes.

E. *Racemosae* HOOK. *fil.* et THOMSON *l. c. p.* 113 *et* 147. Feuilles alternes; pédoncules axillaires et terminaux pluri- ou multiflores; fleurs racémeuses.

19. IMPATIENS LEPTOCERAS DC. *Prodr.* I. *p.* 688. HOOK. *fil.* et THOMS. *l. c. p.* 152. Glabra, caule erecto simplici vel ramoso, foliis alternis breviter petiolatis ovatis usque lanceolatis utrinque attenuatis mucronato-crenato-serratis; pedunculi axillares et subterminales erecti graciles, bracteis ovato-lanceolatis deciduis vel persistentibus, racemis multifloris, floribus aureis, albidis purpurellisve parvulis; sepala lato-ovata subulato-acuminata, labellum infundibuliforme in calcar gracile incurvum vel rectum attenuatum; capsula lineari-clavata.

Espèce très-répandue dans l'Inde continentale, et en même temps très-variable, comme le prouvent les savantes remarques de M.M. HOOKER *fil.* et THOMSON, qui citent parmi les synonymes *l'I. longicornu* WILL. in ROXB. *Fl. Ind. ed. Carrey* II. *p.* 462 (*non Catal.*), *l'I. odorata* DON *Prodr. Nep. p.* 213, etc. — L'espèce de Sumatra, que j'ai décrite sous le nom *d'eubotrya* et qui m'a paru assez distincte, doit aussi prendre place parmi les nombreuses variétés du *leptoceras*. — Dans les régions tempérées de *l'Himalaya* elle provient depuis le *Sikkim* (jusqu'à 10,000 pieds) jusqu'au *Simlo* et dans les montagnes de *Khasia*. — Dernièrement elle a été rencontrée dans l'île de *Java*, d'où nous avons de bons échantillons, quoique sans indication du collecteur.

Var. eubotrya (MIQ. *Fl. Ind. bat. Suppl.* I. *p.* 162, 397 *species*), foliis longe petiolatis (petiolo pedicellato-glanduloso) e basi attenuata vel acuta ovato- vel lato-ellipticis abrupte acuminatis, serrato-crenatis, crenis setiferis, setis versus basin in glandulas pedicellatas mutatis, 5—11 cent. longis, racemis gracilibus folia superantibus, floribus flavis graciliter pedicellatis, bracteis persistentibus ellipticis abrupte subulatis.

Elle fut découverte par TEYSMANN dans l'île de *Sumatra* dans la région de Boukit-Silit.

20. IMPATIENS CHONECERAS HASSK. *Hort. Bogor.* I. *p.* 146. MIQ. *Fl. Ind. bat.* I. 2, *p.* 130 (*chonoceras*). Erecta vel basi repens, hirtula vel glabriuscula, folia alterna petiolata, oblonga, elliptica obovatave, utrinque acuta vel breviter acuminata, serrato-crenata, crenis mucronuliferis, mucronibus ad basin et in petiolo in glandulas stipitatas conversis; pedunculi superne axillares solitarii dense pubescentes, racemose

2—7-flori; flores parvuli albido-rosei; sepala puberula albido-viridula oblonga acuminata, labellum ovatum mucronato-acutum apice albidum, calcar breve campanulato-infundibuliforme roseo-striolatum sistens; petala margine inferiore inaequaliter biloba, capsula lineari-oblonga.

Espèce très-caractérisée par l'éperon très court infundibuliforme, d'abord descendant, ensuite légèrement patent, blanchâtre surtout à l'extrémité, du reste strié en rouge. En prenant l'éperon pour le labellum infundibuliforme, VAN HASSELT avait déjà nommé cette espèce dans son herbier *I. ecalcarata*. C'est une plante variable pour sa stature, pubescence, la forme et la grandeur des feuilles. La stature varie de la hauteur d'un doigt jusqu'à un pied. Les feuilles ordinairement ovales, supportées par des pétioles allongés, passant aussi très-souvent à des formes oblongues ou obovées, munies d'une pubescence fine éparse en dessus, de poils plus developpés sur les nervures en dessous, glabrescentes sur les deux surfaces. Pédoncules avec leur racème pubescents, égalant les feuilles pendant la floraison; bractées vertes persistantes linéaires; ordinairement le nombre des fleurs est de 2 à 3, mais de temps en temps ou en voit 4, 5, jusqu'à 7. Elles sont petites et d'une odeur agréable. Les deux pétales contractés à la base en un onglet court, du reste extérieurement bilobés. Capsule 10-sperme, graines globuleuses glabres. — Du reste on peut consulter la description très-detaillée de M. HASSKARL.

Elle n'est pas rare sur les montagnes élevées de *Java*; à Tougou: BLUME; dans les forêts humides au pieds du mont Bourangrang à 3000 pieds, au mont Merapi, dans la vallée de Kouning près de Bedojo à 1300 pieds, dans les forêts d'Angring: JUNGHUHN; sur la montagne Megamendong: ZIPPELIUS, VAN HASSELT; près de Kandang Sapou: KORTHALS, dans les forêts du Gedé à 1200—1700 pieds d'élévation: HASSKARL.

ABROMA JACQ.

Les espèces du ce genre croissant dans l'Archipel Indien très variables pourront être réduites à trois espèces, caractérisées de la manière suivante:

L' *A. denticulata* MIQ. *Fl.* I. 2, *p.* 183. diffère des deux suivants par ses feuilles plus étroites plus glabres en dessous légèrement pubescentes par des poils stellées, et surtout par leur bords seulement légèrement denticulés.

L' *A. mollis* DC., MIQ. *l. c. p.* 184. Feuilles supportées par des pétioles très courts oblongués-ovées acuminées, à la base légèrement cordées ou arrondies, doublement serrées, chaque serrature étant subdivisée en deux denticules inégales, en dessous trinerviées à la base et du reste munies de quelque nervures laterales sortant du nerf médiane, reticulées, recouvertées d'un tomentum stellé mêlé avec des poils plus raides solitaires ou ternés, 9—10 cent. de long. Fleurs terminales peu nombreuses. Sépales oblongues tomenteuses. — Elle fut recontrée à *Banda* par TEYSMANN et DE VRIESE. A cette espèce appartient l' *A. angusta* LINN. *fil.* et l' *A. javanica* m. *l. c.*

L' *Abroma fastuosa* R. BR., MIQ. *l. c. p.* 183, BENTH. et MUELL. *Flor. Austr.* I. *p.* 236. Caractérisée par des feuilles denticulées, à denticules irrégulières et calleuses. — Je la connais de *Java*, de *Sumatra* et de l'île de *Bali*.

BALANOPHORA ELONGATA BL., MIQ. *Flor. Ind. bat.* II. *p.* 1065.

Dans notre Herbier nous avons quelques exemplaires mâles recueillis par BLUME et un trouvé sur le mont Pangerango, probablement par KORTHALS. Du *Balanophora abbreviata* BL., MIQ. *l. c.* nous ne possedons pas un échantillon etiquetté, mais je suis porté à soupçonne que des échantillons du mont Gedé pas nommés, plus racourcis feminins provenant de la collection de BLUME se rapportent à cette espèce. Mais leur stipes ayant plus de trois squamules, ils ne son pas conformes avec le caractère de cette espèce donné par BLUME dans son Enumeratio et examinés par M. EICHLER il est prouvé que ces échantillons ne diffèrent pas du *B. elongata*. Ainsi donc il nous reste quelque doute à l'égard de cette espèce. BLUME signale le mont Parang comme localité du *B. abbreviata*, mais de cette station nom n'avons pas des échantillons.

CORRIGENDA.

p. 18. *Cardamine javanica*: à ce que j'ai dit sur l'affinité de cette espèce avec la *C. borbonica* il faut remarquer que cette dernière espèce croît aussi aux Indes continentales W. et ARN. *Prodr. Icon.* III. *tab.* 941, mais par cette planche les deux espèces sont différentes: la *borbonica* plus robuste, feuillets plus grossièrement serrés, plus poilus, racème plus court, fleurs plus robustes, pétales plus larges, emarginés au sommet.

p. 67. Dans l'explication de la pl. XXIX, fig. 1: $\frac{2}{3}$ gr. nat. non de grandeur naturelle.

p. 70. L'explication de la pl. XXX. — (*Sarcotheca*), doit être:

1. branche en fleur et fruit $\frac{1}{2}$ gr. n.; 2. bouton floral, 10 fois gr.; 3. sépale; 4. pétale, 10 fois gr.; 5. androecée et gynoecée, 10 fois gr.; 6. partie de l'androecée, 25 fois gr.; 7. gynoecée, 25 fois gr.; 8 et 9. sections de l'ovaire, 30 fois gr.; 10. fruit, gr. nat.; 11. graine, et le même coupé, grossies.

INDEX ALPHABÉTIQUE.

Abroma LINN. 105.
  angusta LINN. 105.
  denticulata MIQ. 105.
  fastuosa R. BR. 105.
  javanica MIQ. 105.
  mollis DC. 105.
Alisma JUSS. 50.
Alismacées. 49.
Anasser. 76.
  moluccana LAM. 76.
Anassera LAM. 76.
  moluccana PERS. 76.
Araliacées. 43.

Balanophora FORST. 105.
  abbreviata BL. 105.
  elongata BL. 105.
Balsamina GAERTN. 92.
  hirsuta BL. 96.
  hortensis DC. 99.
  javensis BL. 95.
  micrantha BL. 98.
  minutiflora SPANOGHE. 99.
Balsaminées. 92.

Barclaya WALL. 43.
  hirta MIQ. 44.
  Motleyi HOOK. *fil.* 43, 44.
Blumea ZIPP. *mss.* 36.
Blyxa THOUARS. 54.
  javanica HASSK. 54.
  octandra PLANCH. 54.
  Roxburghii RICH. 54.
Brewsteria crenata J. M. ROEMER. 68.
Buttneria LOEFFL. 84.
  angulata HASSK. 91, 90.
  flaccida SPANOGHE. 91, 90.
  javanica SPANOGHE. 91.
  Reinwardtii KORTH. 90.

Cadaba FORSK. 21
  capparoides DC. 21.
  indica LAM. 22.
  latifolia SPAN. 22.
Capparidées. 19.
Capparis LINN. 22.
  arcuata ZIPP. *mss.* 25.
  Billardierii DC. 34, 32.

Capparis callosa BL. 29, 30, 31, 32.
  celebica MIQ. *n. sp.* 26.
  dealbata DC. 27.
  elliptica SPANOGHE. 27.
  emarginata ZIPPEL. 27.
  erythrodasys MIQ. 35.
  flexuosa BL. 30, 29, 31, 32.
  foetida BL. 34.
  Forsteniana MIQ. *n. sp.* 32, 31.
  Hasseltiana MIQ. *n. sp.* 24.
  horrida LINN. 34.
  „ „ var. β erythrodasys 35.
  Korthalsiana MIQ. *n. sp.* 31, 29.
  lanceolaria DC. 24.
  lanceolaris DC. 25.
  Madurae SPAN. 29.
  mariana JACQ. 36.
  micrantha DC. 30, 31.
  nigricans SPANOGHE. 27.
  oblongifolia FORST. 26.
  ovalifolia ZIPPEL. 33.
  oxyphylla MIQ. 34.

14*

Capparis publiflora DC. 27.
   publiflora var. moluccana. 28.
   „   „ sumatrana. 28.
   salaccensis BL. 23, 24.
   „   var. celebica. 23, 24, 25.
   sepiaria LINN. 27, 26, 36.
   singalensis KORTH. 28.
   subacuta MIQ. 35.
   subcordata SPANOGHE. 34.
   trapeziflora SPANOGHE. 34.
   tylophylla SPRENG. 22.
   Zippeliana MIQ *n. sp.* 25.
Cardamine LINN. 17.
   borbonica PERS. 18.
   decurrens ZOLL. et MORITZ. 18.
   heterophylla DECAISN. 14.
   hirsuta LINN. 17, 18.
   impatiens LINN. 17, 18.
   javanica MIQ. 17.
   sylvatica LINK. 17.
Carex MICHX. 57.
Casuarina RUMPH. 8.
   equisetifolia FORST. 2, 9.
   Junghuhniana MIQ in pl. JUNGH. 9.
   montana MIQ 9, 10.
   montana MIQ. 9.
   „ RUMPH. 11.
   „ MIQ. α tenuior. 9, 10.
   „ „ β validior. 9, 10.
   nodiflora FORST. 11.
   Rumphiana MIQ. 11.
   stricta AIT. 9.
   sumatrana JUNGH. 10.
Casuarinées. 8.
Caulinia WILLD. 44.
   indica WILLD. 44.
Cephaloscirpus. 64.
   macrocephalus KURZ. 64.

Chelidospermum BL. 78.
   verticillatum ZIPPEL. 78.
Cleome LINN. 20.
   aculeata LINN. 20.
   Horstmanni MIQ. 20.
   latifolia VAHL. 20.
   surinamensis MIQ 20.
Coriandrum LINN. 43.
   sativum LINN. 43.
Crataeva LINN. 20.
   acuminata MIQ. 21.
   Brownii KORTH. 21.
   gynandra LINN. 21.
   magna HASSK. 20.
   membranifolia MIQ. 21.
   nurvala HAMILT. 20.
   religiosa BL. 20.
   tapia LINN. 21.
   tapia BL. non alior. 21.
   tumulorum MIQ. 21.
Crucifères. 14.
Cyperacées 57.

Damasonium SCHREB. 56.
   javanicum BL. 56.
   timorense ZIPPEL. 56.
Dasyloma DC. 41.
   benghalense DC. 42.
   japonicum MIQ. 42.
   laciniatum MIQ. 42.
   subbipinnatum MIQ. 41.
Daucus LINN. 43.
   carota LINN. 43.
Diplasia L. C. RICH. 58.
Echinodorus L. C. RICH. 50.
Elodia MICHX. 54.
   Michauxii 54.
Enhalus L. C. RICH. 55.
   acoroides STEUD. 55.

Enhalus *Koeningii* RICH. 55.
Erysimum LINN. 19.
   repandum LINN? 19.
Erythroxylon LINN. 71.
   retusum. 71.
   sumatranum MIQ. 71.
Evolvulus LINN. 40.
   emarginatus BURM. 40.

Falcaria HOST. 44.
   javanica DC. non MOLKENB. 41, 42.
   laciniata DC. MOLKENB. 42.
Fimbristylis VAHL. 57.
Foeniculum ADANS. 43.
   vulgare GAERTN. 43.

Glyaspermum ZOLL. 82.
   ramiflorum ZOLL. et MOR. 82.
Gordonia ELLIS. 68.
   peduncularis WALL. 68.
Gynandropsis DC. 19.
   pentaphylla DC. 19.

Halodule ENDL. 45.
   australis MIQ 45.
Halophila THOUARS. 45.
   lemnopsis MIQ. 45.
   major MIQ. 45.
   ovalis HOOK. *fil.* 45.
   „ „ „ var. α ovata GAUD. 45.
   ovalis HOOK. *fil.* var. β minor ASSCHERS. 45.
Hugonia LINN. 67.
   costata MIQ. *n. sp.* 67.
   Mystax LINN. 67, 68.
   serrata LAM. 67.
   sumatrana MIQ. *n. sp.* 68.
Hydrilla L. C. RICH. 51.

Hydrilla alternifolia MIQ. *n. sp.* 52.
? *japonica* MIQ. 54.
najadifolia ZOLL. 52.
ovalifolia RICH. 52.
verticillata CASPARY. 51, 53.
„ „ var. α Roxburghii CASP. 52.
verticillata CASPARY var. β longifolia CASP. 52.
Hydrocera BL. 92.
angustifolia BL. 92.
triflora WIGHT et ARN. 92.
Hydrocharidées. 51.
Hydrocharis LINN. 55.
asiatica MIQ. 55.
Hydrocotyle TOURN. 36.
asiatica LINN. 36.
asiatica LINN. 39.
„ „ var. *hebecarpa*. 36.
asiatica LINN. var. *subrepanda*. 36.
glabrata ex errore in Ann. Mus. bot. 38.
globata BL. 38.
hirsuta DC. 37.
hispida DON. 38.
javanica THUNB. 37, 38.
latisecta ZOLL. 39.
nepalensis HOOK. 38.
nitidula RICH. 39.
nitidula RICH. forma *pubescens*. 39.
podantha MOLKENB. 37.
polycephala WIGHT et ARN. 38.
puncticulata MIQ. 39.
ranunculoides (LINN. fil.) var. incisa BL. 39.
rotundifolia ROXB. 37.
Hydrocotyle LINN. 36.

Hydrocotyle subthorpioides LAM. 39.
subthorpioides forma glabra. 39.
„ „ incisa. 40.
„ „ lobata. 39.
„ „ pubera. 39.
„ „ subglabra. 39.
splendens BL. 39.
sundaica DC. 38, 39.
zeylanica DC. 38, 39.
Zollingeri MOLKENB. 39.
Hypericinea WALL. 68.
dentata WALL. 68.
Hypolytrum L. C. RICH. 57, 58.
borneense KURZ. 59.
latifolium RICH. 58.
latifolium RICH. var. α *genuinum* KURZ. 59.
latifolium RICH. var. β KURZ. 59.
macrocephalum GAUDICH. 64.
macrophyllum GAUDICH (ex errore). 64.
myrianthum MIQ. 59.
trinervium KUNTH. 59, 58.

Impatiens LINN. 92.
albo-flava. MIQ. 101.
angustifolia STEUD. 99.
„ Cat. Hort. Buit. n. BL. 92.
Balsamina LINN. 99.
„ „ var. rosea. 99.
bella HOOK. fil. et TH. 100.
Blumei ZOLL. et MOR. 98.

Impatiens borneensis MIQ. *n. sp.* 96.
celebica MIQ. *n. sp.* 94.
chinensis LINN. 99.
chonoceras HASSK. 103.
chonoceras. 103.
cyclocoma MIQ. *n. sp.* 92, 93, 94.
Diepenhorstii MIQ. 101.
discolor DC. 102.
eubotrya MIQ. 103.
hirsuta STEUD. 96.
javensis STEUD. 95, 96.
„ „ β glabrior. 95.
„ „ γ caespitosa. 95.
„ „ δ robustior. 95.
Jungluhnii MIQ. *n. sp.* 99.
Kleinii WIGHT et ARN. 98.
Korthalsii MIQ. *n. sp.* 100.
latiflora HOOK. fil. et TH. 94.
latifolia LINN. 93, 94.
„ „ α vulgaris. 93.
„ „ β parvifolia. 94.
„ „ γ? novoguineensis. 94.
Lawii HOOK. fil. et TH. 96.
leptoceras DC. 103.
„ „ var. eubotrya. 103.
Leschenaultii DC. 93.
longicornu WALL. 103.
micrantha MIQ. 98.
minutiflora MIQ. 99.
nematoceras MIQ. *n. sp.* 97.
odorata DON. 103.
Perezii TEYSM. 102.
porrecta. 100.
puberula HOOK. fil. et TH. 101.
pyrrhotricha MIQ. 101.
radicans ZOLL. et MOR. 93.

Impatiens *radicans* HASSK. 93, 94.
   rosea LINDL. 99.
   sumatrana MIQ. 95.
   Teysmanni MIQ. 98.
   triflora LINN. 92.
   Zippelii MIQ. *n. sp.* 94.
Irina BL. 74.
   integerrima BL. 74.
Itea LINN. 75, 76.
   javanica BL. 75.
      „ ZIPPEL. herb. non BL. 76.
Ixonanthes JACK. 68.
   cuneata MIQ. 68.
   dodecandra GRIFF. 68.
   icosandra JACK. 68.
      „   „ var. β cuneata. 68.
   lucida BL. 68.
   petiolaris BL. 69.
   reticulata JACK. 69.
   subdodecandra GRIFF. 68.

Juncaginées. 48.

Lagarosiphon HARV. 53.
Lasianthus JACK. 67.
   cyanocarpus JACK. 67.
Lepironia RICH. 59, 57.
   bancana MIQ. 63.
   ceylanica MIQ. 61.
   cuspidata MIQ. 61.
   enodis MIQ. 60.
   foliosa MIQ. 60.
   humilis MIQ. 61.
   macrocephala MIQ. 64.
   mucronata RICH. 60, 57, 58.
   palustris MIQ. 63.
   squamata MIQ. 64.
   sumatrana MIQ. 62.

Lepistachya praemorsa ZIPPEL. 61.
Linées. 67.
Lophiocarpus KUNTH. 50.
   cordifolia MIQ. 50.
   Lappula MIQ. 50.

Macharisia SPRENG. 68.
   icosandra PLANCH. 68.
Mappa JUSS. 85.
Meliosma BL. 73.
   angulata BL. 73.
   confusa BL. 74.
   cuspidata BL. 74.
   ferruginea BL. 74.
   floribunda BL. 74.
   fructicosa BL. 73.
   glauca BL. 74.
   hirsuta BL. 74.
   lanceolata BL. 74.
   laurina BL. 73.
   lepidota BL. 73.
   nitida BL. 74.
   nitida non BL. *var. cerasiformis.* 74.
   petiolaris MIQ. 73.
   polyptera MIQ. 73.
   sambucina MIQ. 74.
   simplicifolia ENDL. 73.
   sumatrana MIQ. 75.
Menicosta REICHB. 71.
   javanica BL. 71.
   scandens SPR. 71.
Millingtonia ROXB. 73.
   ferruginea NEES. 74.
   lanceolata NEES. 74.
   nitida NEES. 74.
   sambucina JUNGH. 74.
   simplicifolia ROXB. 73.
   sumatrana JACK. 75.

Najadées. 44.
Najas LINN. 44.
   graminea DELILE. 45.
   indica CHAM. 44.
      „   „ var. macrodyctia AL. BRAUN. 44.
   indica CHAM. var. rigida AL. BRAUN. 45.
   tenuifolia R. BR. 44.
Nasturtium R. BR. 14.
   diffusum DC. 14, 15.
   heterophyllum BL. 15, 14.
   indicum DC. 15.
   indicum BL. *partim.* 14.
   montanum WALL. 14.
   obliquum ZOLL. 17.
   officinale R BR. 14.
   palustre. 14.
Nechamandra PLANCH. 53.
Nepenthacées. 1.
Nepenthes LINN. 1.
   albo-marginata HOOK. *fil.* 8.
   ampullacea JACK. 8.
   ampullaria JACK. 8.
   Bongso KORTH. 6, 2, 5.
   Boschiana KORTH. 7.
      „ var β sumatrana. 7.
   destillatoria JACK. 7.
      „   GRAHAM. 7.
   Edwarsiana LOW. 7.
   eustachya MIQ. 3, 6, 7.
   fimbriata BL 3, 7.
   gracilis KORTH. 7, 2, 4.
      „ var. elongata BL. 7.
   gymnamphora REINW. et NEES. 7.
   Korthalsiana MIQ. 2, 5, 7.
   laevis HORTOR. 7.
   Lowii HOOK. *fil.* 7.
   macrostachya BL. 5, 3, 8.
   maxima REINW. 8.

Nepenthes melamphora REINW. 7, 2.
   melamphora var. β lucida BL.7.
   ,, ,, γ haematamphora MIQ. 7.
   phyllamphora WILLD. 6, 2, 3, 5, 8.
   phyllamphora JACK. 5, 8.
   ,, var. platyphylla BL. 6.
   Rafflesiana JACK. 6.
   Reinwardtiana MIQ. 4, 2, 5, 8.
   Rajah HOOK. *fil.* 8.
   Teysmanniana MIQ. 7.
   tomentella MIQ. 5, 8.
   trichocarpa MIQ. 7.
   Veitchii HOOK. *fil.* 7.
   villosa HOOK. *fil.* (Icon.). 7, 2.
   villosa HOOK. *fil.* (*Bot. Mag.*).7.
Nymphaea LINN. 44.
   hirta KURZ. 44.
Nymphaeées. 43.

Oenanthe LINN. 41.
   benghalensis DC. 42, 43.
   javanica DC. 41.
   laciniata ZOLLING. 42.
Ombellifères. 36.
Ottelia L. C. RICH. 55.
   alismoides RICH. 55.
   javanica MIQ. 56.

Pandanophyllum HASSK. 57.
   ceylanicum THWAIT. 61.
   humile HASSK. 61.
   Miquelianum KURZ. 60.
   palustre HASSK. 63.
   squamatum KURZ. 64.
   sulcatum? THWAIT. 65.
   Zippelianum KURZ. 61.

Pentapetes LINN. 84.
   acerifotia CAVAN. 84.
Pierotia BL. 68.
   lucida BL. 68.
   reticulata BL. 69.
Pimpinella LINN. 40.
   javana MIQ. 40.
   Leschenaultiana WIGHT. 40.
   Pruatjan MOLKENB. 40.
Pittosporées. 75.
Pittosporum LINN. 75.
   Brackenridgei A. GRAY. 83.
   chelidospermum BL. 77, 79.
   densiflorum PUTTERL. 75.
   ferrugineum AIT. 77.
   fissicalyx MIQ. *n. sp.* 81.
   ? floribundum WIGHT. et ARN. 75.
   floribundum HASSK. 75.
   javanicum BL. 75, 76, 77.
   moluccanum MIQ. 76, 77.
   monticolum MIQ. *n. sp.* 83.
   novoguineense MIQ. 79.
   ovalifolium F. MUELL. 77.
   ramiflorum ZOLL. 82.
   Rumphii PUTTERL. 76.
   ,, BL. 79.
   sinuatum BL. 78, 79.
   timorense BL. 80.
   tobiroides A. GRAY. 85.
   undulatum VENT. 80.
Polanisia RAFIN. 20.
   angulata DC. 20.
   decandra ZIPPEL. 20.
   viscosa DC. 20.
   ,, ,, form. parva. 20.
Potamogeton LINN. 46.
   hybrida MICHX.? 48.
   indica (ROXB.). 47.
   javanica HASSK. 47, 48.

Potamogeton lucens LINN. 47.
   malaiana MIQ. *n. sp.* 46.
   ,, ,, var. β tenuior. 47.
   natans LINN. form. indica MIQ. 46.
   oblonga. 46.
   pectinata LINN. 47.
   pusilla LINN. 47.
   rufescens SCHRAD. 47.
   sumatrana MIQ. 46.
   tenuicaulis F. MUELL. 48.
Prunus LINN. 36.
   insititia LINN. 36.
Pseuditea HASSK. 75.
   javanica HASSK. 75.
Pteroneurum DC. 17.
   decurrens BL. 18.
   javanicum BL. 17.
Pterospermum SCHREB. 84.
   acerifolium WILLD. 84, 85.
   Blumeanum KORTH. 87, 88.
   celebicum MIQ. *n. sp.* 87.
   diversifolium BL. 84, 85.
   elongatum KORTH. 86, 87.
   fuscum KORTH. 84, 85.
   javanicum JUNGH. 88, 89.
   javanicum KORTH. 88, 87.
   lancaefolium ROXB. 89.
   lancaefolium BL. non alior. 88, 89.
   Mülleri KORTH. 85.
   parvifolium MIQ. 88, 89.
   suberifolium WILLD. 88, 89.
   subinaequale MIQ. 88, 89.
   subsessile MIQ. *n. sp.* 85.
   sumatranum MIQ. *n. sp.* 87.

Rottlera ROXB. 85.
Roucheria PLANCH. 69.

Rusbeckia. 36.

Sabia. COLEBR. 71.
? *densiflora* MIQ. 73.
elliptica MIQ. 71.
? floribunda MIQ. 73.
Menicosta BL. 71.
,, ,, var. β elliptica. 71.
pauciflora BL. 72.
sumatrana BL. 72.
Sabiacées. 71.
Sagittaria LINN. 49.
Blumei KUNTH. 50.
cordifolia ROXB. 50.
hirundinacea BL. 49.
Lappula DON. 50.
obtusissima HASSK. 50.
pusilla BL. 50.
sagittifolia LINN. 49.
sagittifolia (L.) ROXB. 49.
,, ROXB. var. leucopetala MIQ. 49.
sagittifolia ROXB. var. longiloba TURCZ. 49.
triflora NORONH. 50.
variabilis A. GRAY. 49.
Salicinées. 11.
Salix LINN. 11.
babylonica LINN. 14.
,, var. japonica. 12.

Salix *Horsfieldiana* MIQ. 11.
japonica THUNB. 14.
Junghuhniana ANDERSS. 13.
populifolia SCHLEICH. 13.
sumatrana MIQ. 12.
tetrasperma ROXB. 11, 2, 12.
tetrasperma ,, MIQ. *Fl. ind.* 11.
tetrasperma ROXB. form. Horsfieldiana ANDERSS. 11, 12.
tetrasperma ROXB. var. javana AND. 13.
tetrasperma ROXB. var. sumatrana AND. 12.
urophylla LINDL. 13.
Zollingeri MIQ. 13.
Zollingeriana MIQ. 13.
Sanicula TOURN. 40.
elata HAMILT. 40.
europaea LINN. 40.
javanica BL. 40.
montana REINW. 40.
Sarcotheca BL. 69.
macrophylla BL. 70.
Scheuchzeria LINN. 48.
asiatica MIQ. 48.
palustris LINN. 48.
Schuurmansia BL. 66.
angustifolia HOOK. 67.
elegans BL. 66.
Scirpodendron ZIPPEL, 65, 58.

Scirpodendron *pandaniforme* ZIPPEL. 65.
sulcatum KURZ. 65.
Scirpus LINN. 57.
Scolopia SCHREB. 73.
Senacia COMMERS. 80.
undulata DESN. non LAM. 80.
Sinapis LINN. 19.
laevigata Herb. REINW. 19.
timoriana DC. 19, 15.
Sisymbrium LINN. 14.
sinapis BURM. 14.
Sium (TOURN.) BL. 41.
javanicum BL. 41.
laciniatum BL. 42.
Stroemia VAHL. 21.
ovalifolia ZIPPEL. 21.

Thoracostachyum. 63.
bancanum KURZ. 63.
sumatranum KURZ. 62.
Torilis ADANS. 43.
scabra DC. 43.

Vallisneria MICHX. 54.
spiralis LINN. 54.

Xylosma FORST. 73.
leprosipes CLOS. 73.

PLANCHES.

Tab. 1. Nepenthes Korthalsiana MIQ.
" 2. " fimbriata BL.
" 3. " eustachya MIQ.
" 4. " Reinwardtiana MIQ.
" 5. " tomentella MIQ.
" 6. " macrostachya BL.
" 7. Casuarina montanta MIQ.
" 8. " Rumphiana MIQ.
" 8ª. " Sumatrana JUNGH.
" 9. Nasturtium heterophyllum BL.
" 10ª. " Javanica MIQ.
" 10ᵇ. " decurrens Z. et M.
" 11. Crataeva tumulorum MIQ.
" 12ª. Capparis Salaccensis BL.
" 12ᵇ. " " var. celebica MIQ.
" 13. " Hasseltiana MIQ.
" 14¹. " Zippeliana MIQ. forma oblongifolia.
" 14². " " " arcuata.
" 15. " pubiflora DC.
" 16. " callosa BL.

Tab. 17. Capparis Korthalsiana MIQ.
" 18. " Forsteniana MIQ
" 19. " subacuta MIQ
" 20. Lepironia mucronata L. C. RICH
" 21. " enodis MIQ.
" 22. " Ceylanica MIQ.
" 23. " humilis MIQ.
" 24. " Sumatrana MIQ
" 25. " palustris MIQ.
" 26. " squamata MIQ.
" 27. " macrocephala MIQ.
" 28. Scirpodendron sulcatum KURZ.
" 29. Schuurmansia elegans BL.
" 30. Sarcotheca macrophylla BL.
" 31. Sabia Menicosta BL.
" 32. " pauciflora BL.
" 33. " Sumatrana BL.
" 34. Pittosporum Chelidospermum BL
" 35. " sinuatum BL.
" 36. " Timorense BL.
" 37. " ramiflorum ZOLL.

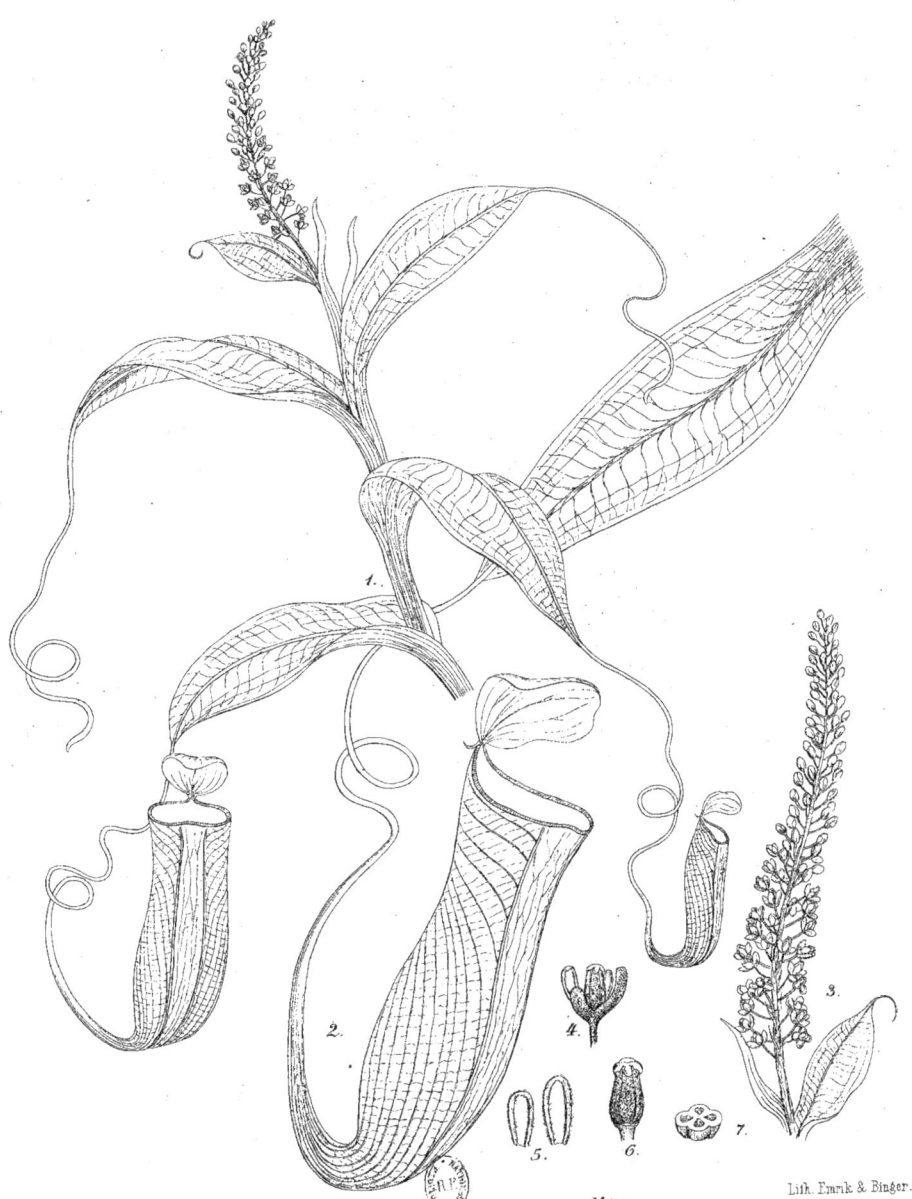

Nepenthes Korthalsiana, Miq.

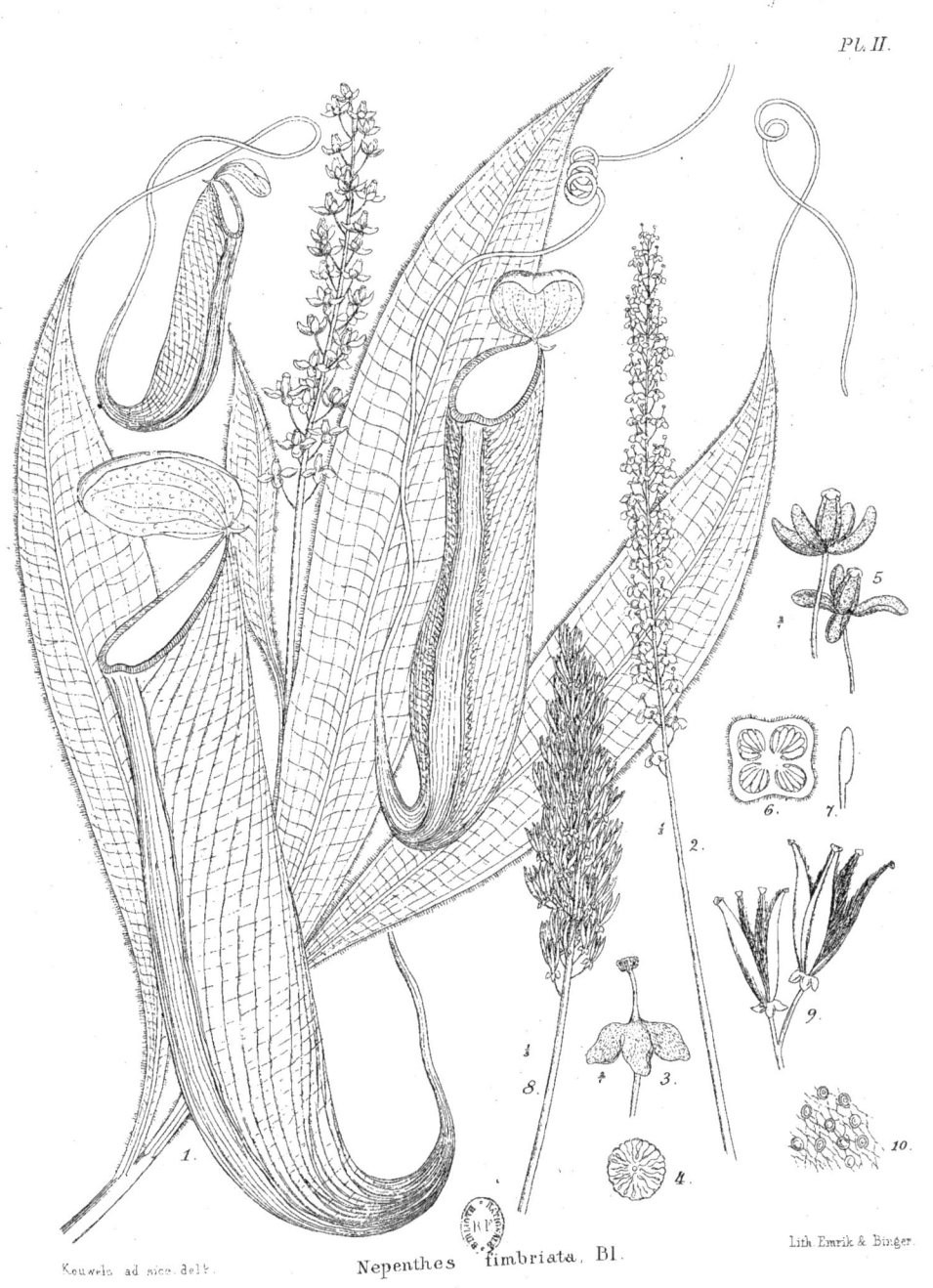

Nepenthes fimbriata, Bl.

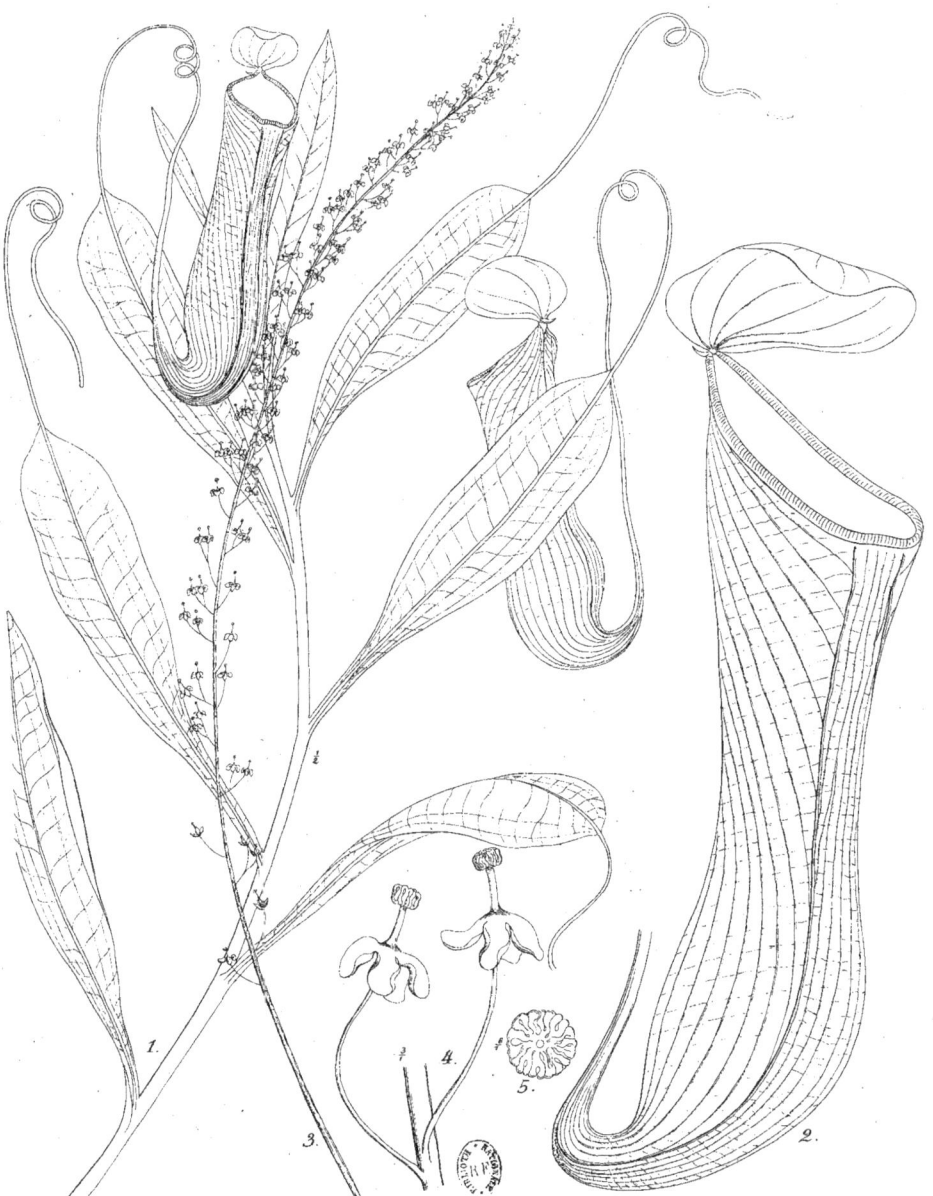

Nepenthes eustachya Miq.

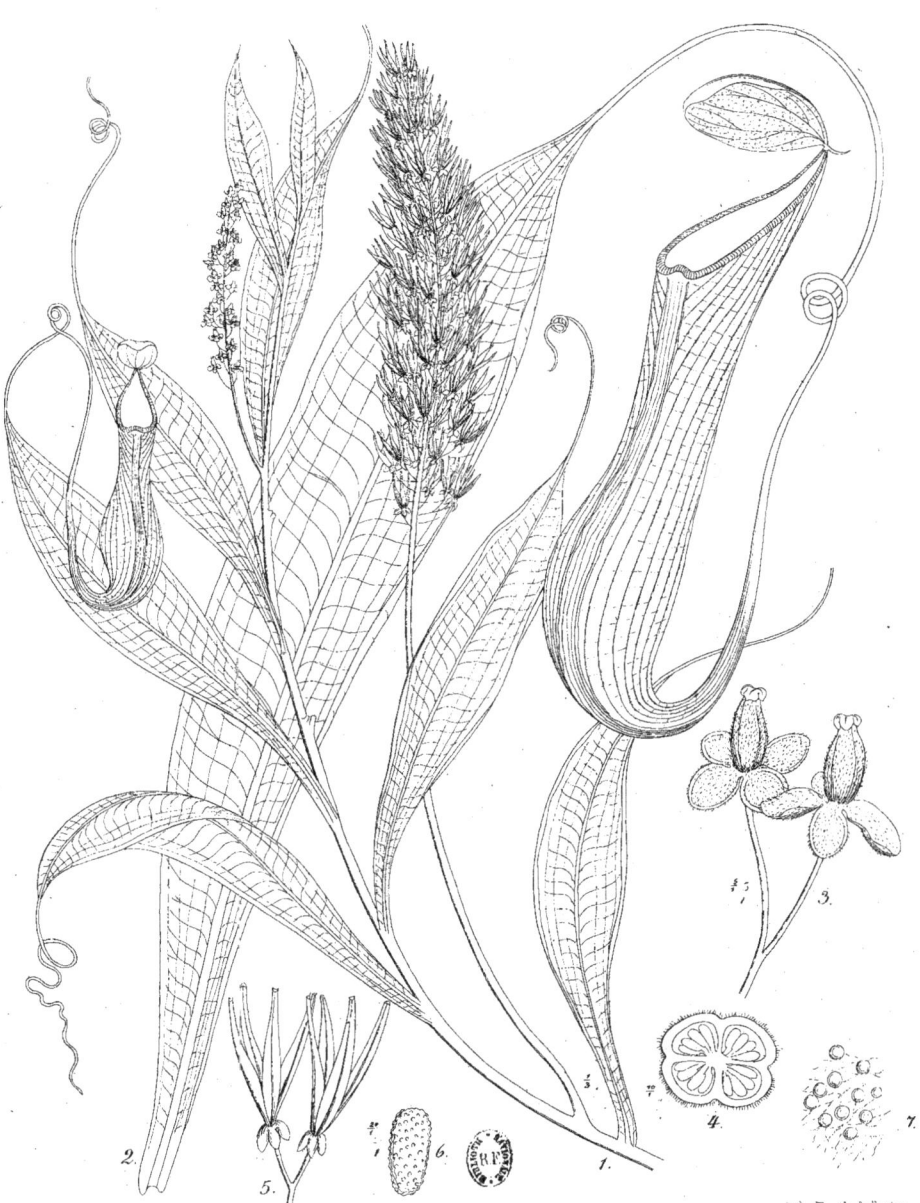

Nepenthes Reinwardtiana. Miq.

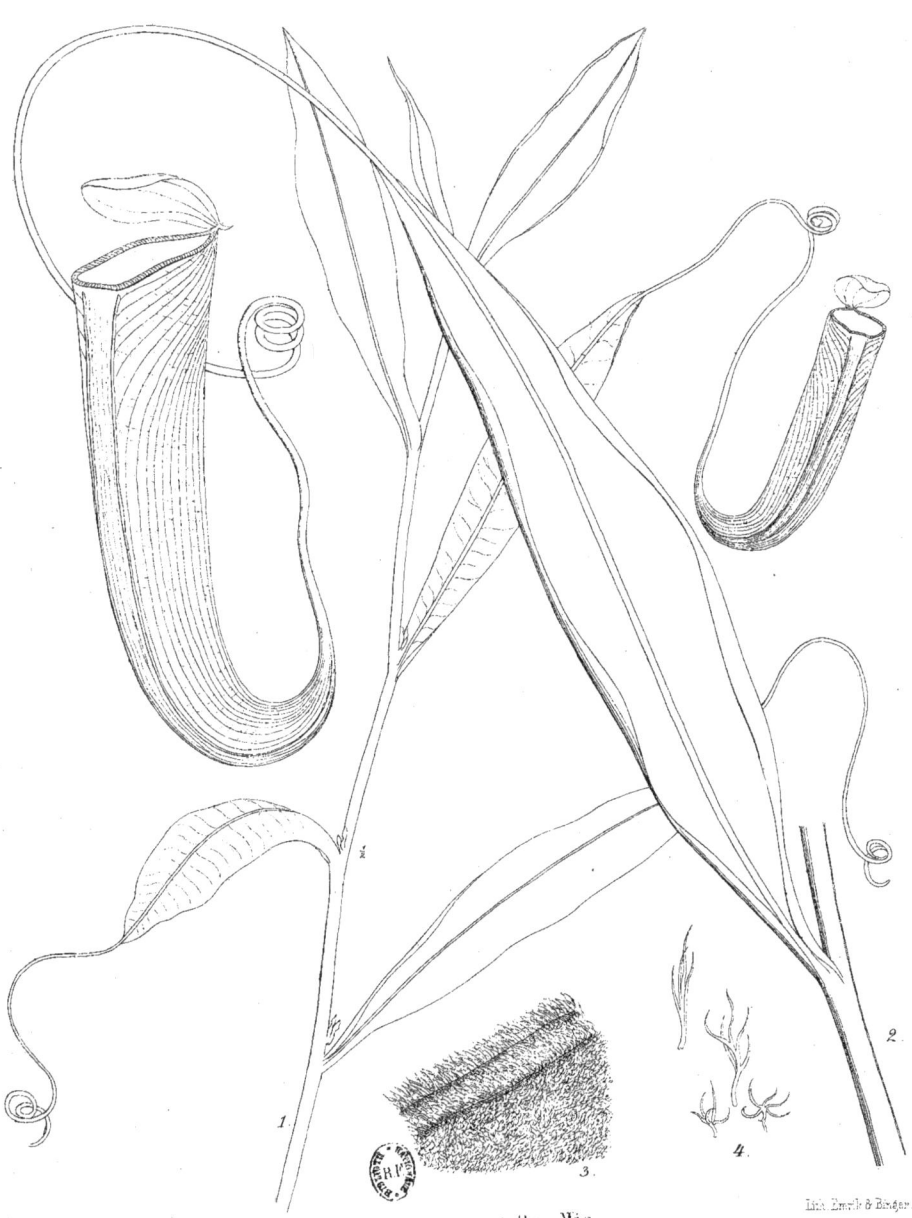

Nepenthes tomentella. Miq.

Nepenthes macrostachya, Bl.

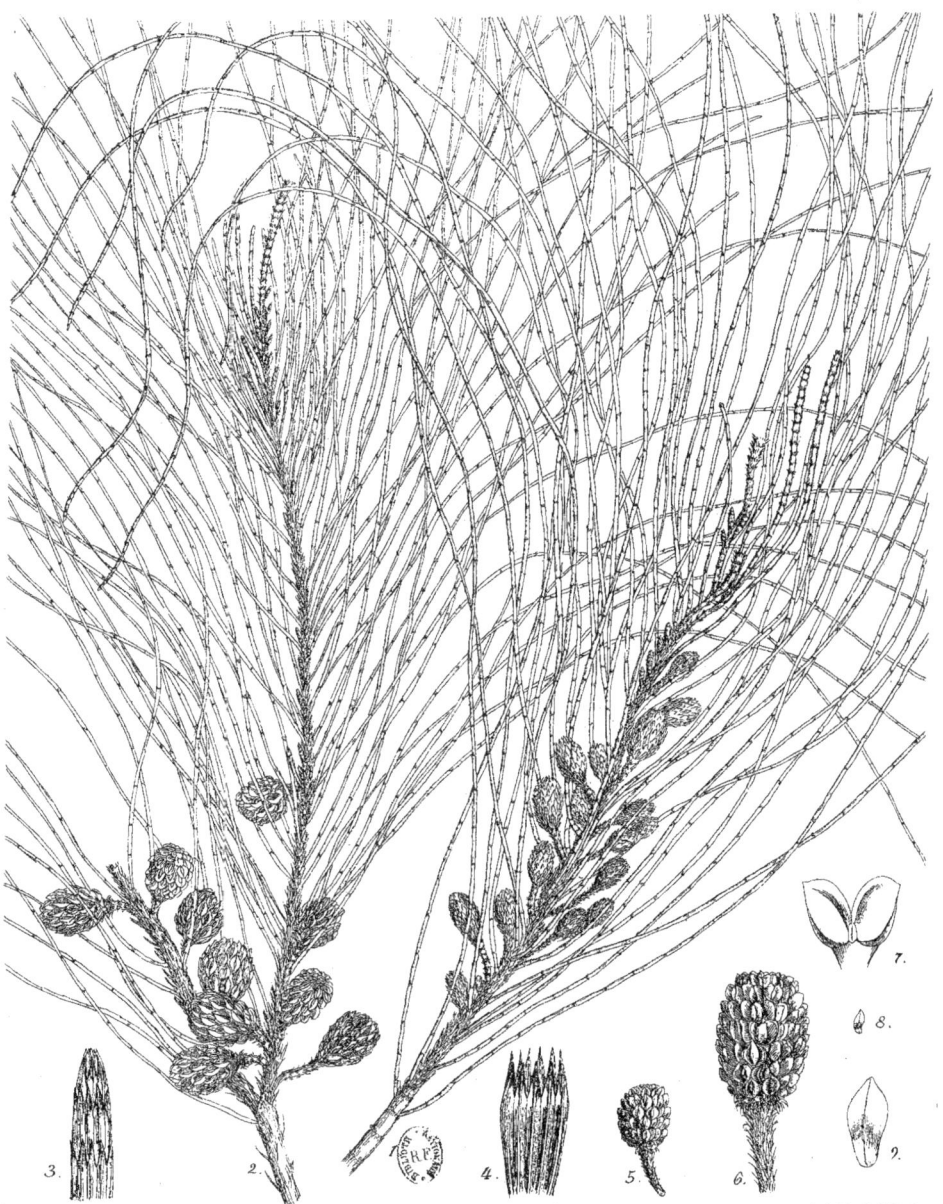

Casuarina montana, Miq.

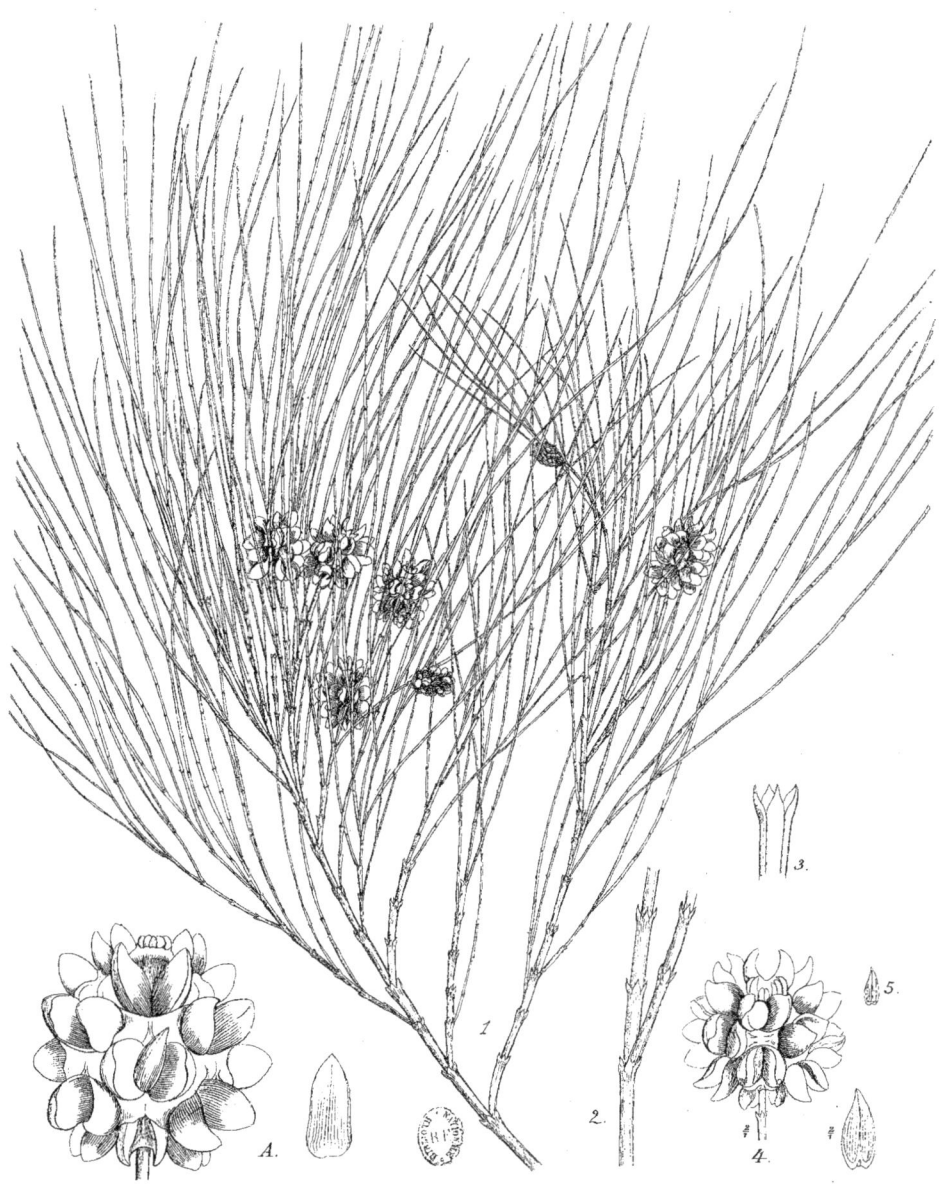

Casuarina Rumphiana. Miq. — A. Cas. Sumatrana Jungh.

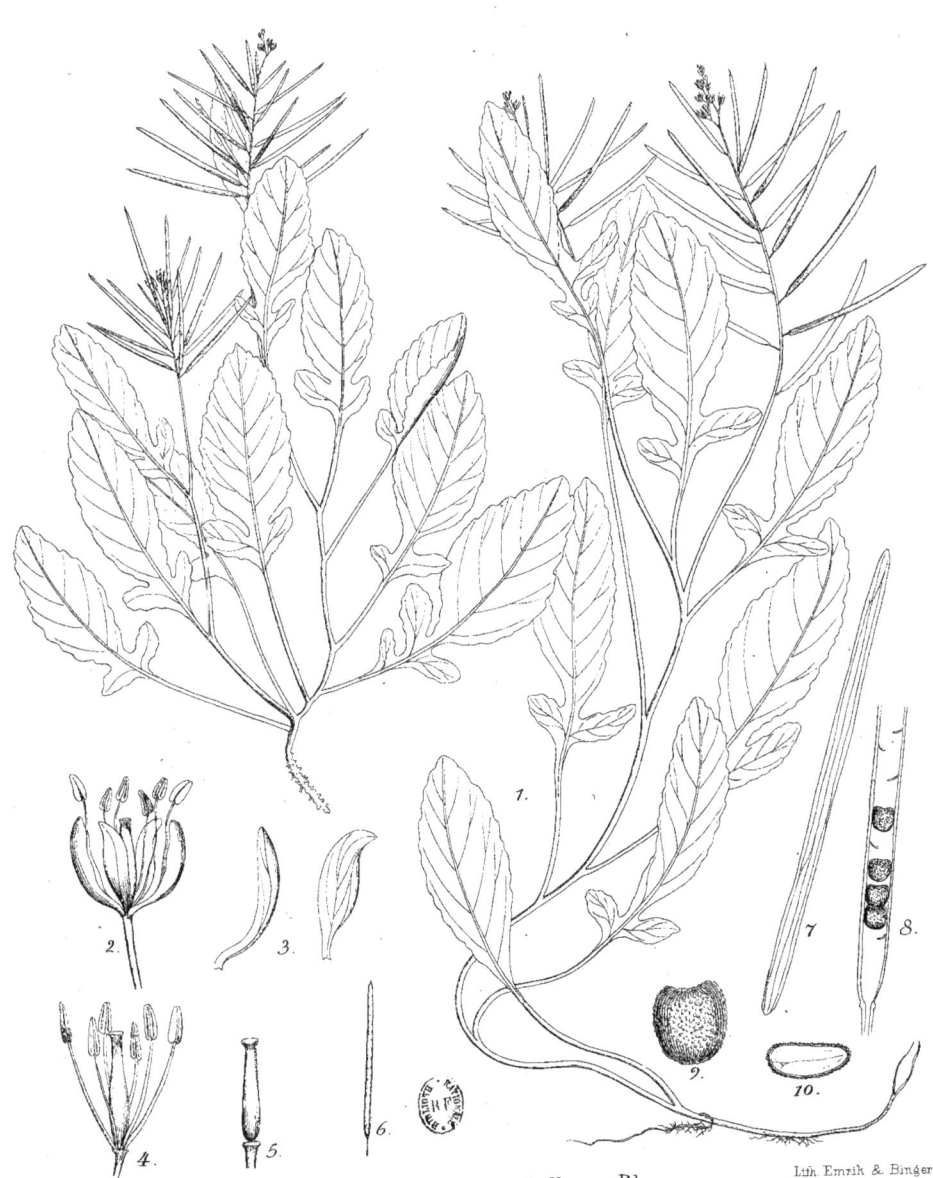

Nasturtium heterophyllum, Bl.

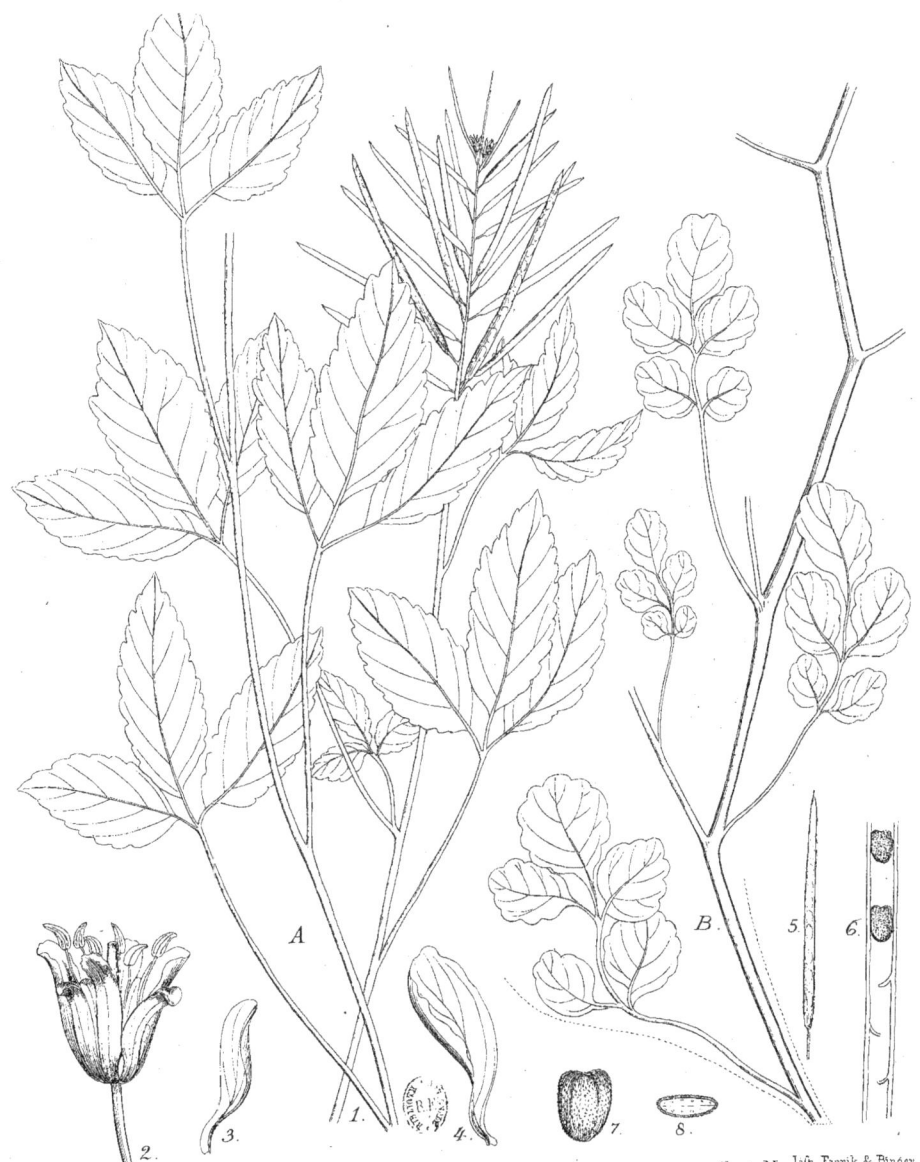

Pl. X.

Kouweis ad sicc. del. A. Cardamine javanica Miq. – B. Card. decurrens Z. et M. Lith. Emrik & Binger.

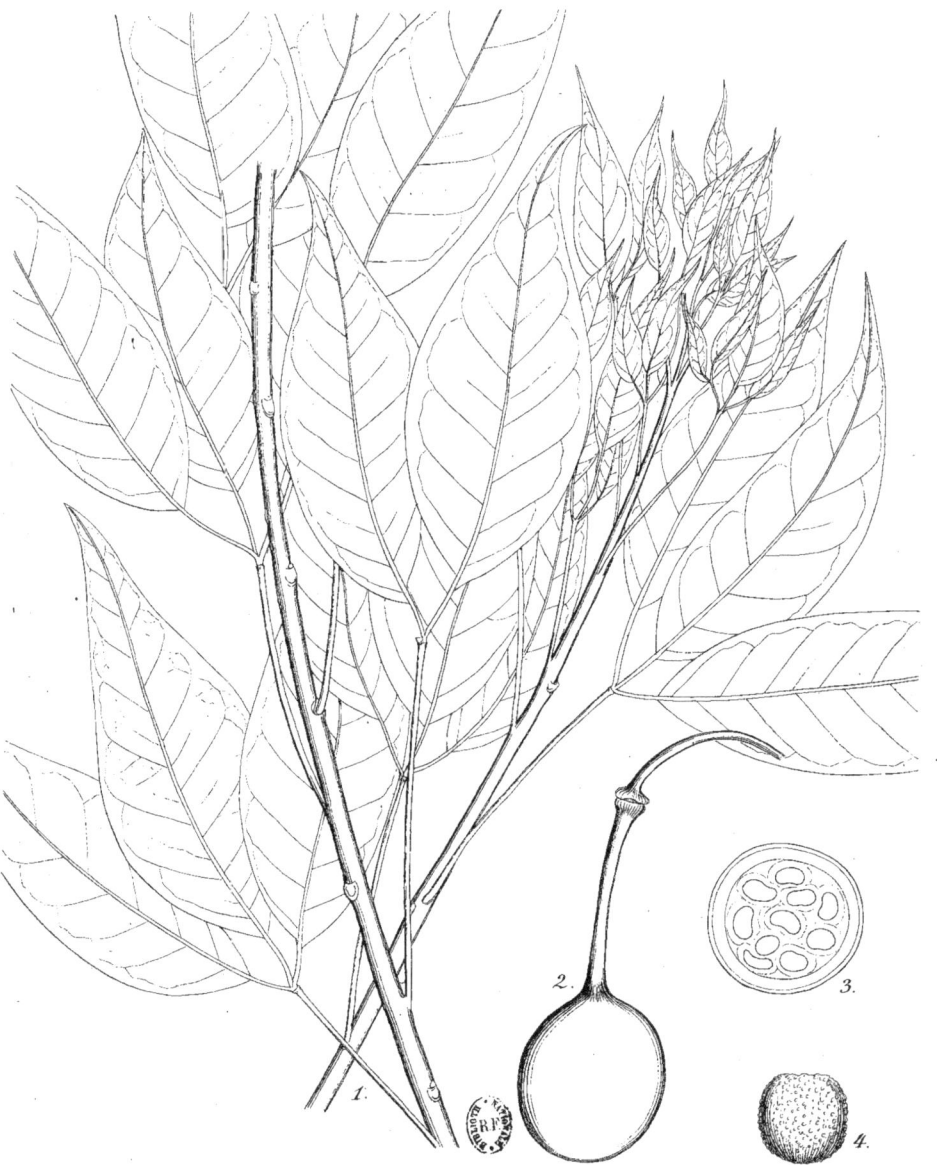

Crataeva tumulorum Miq.

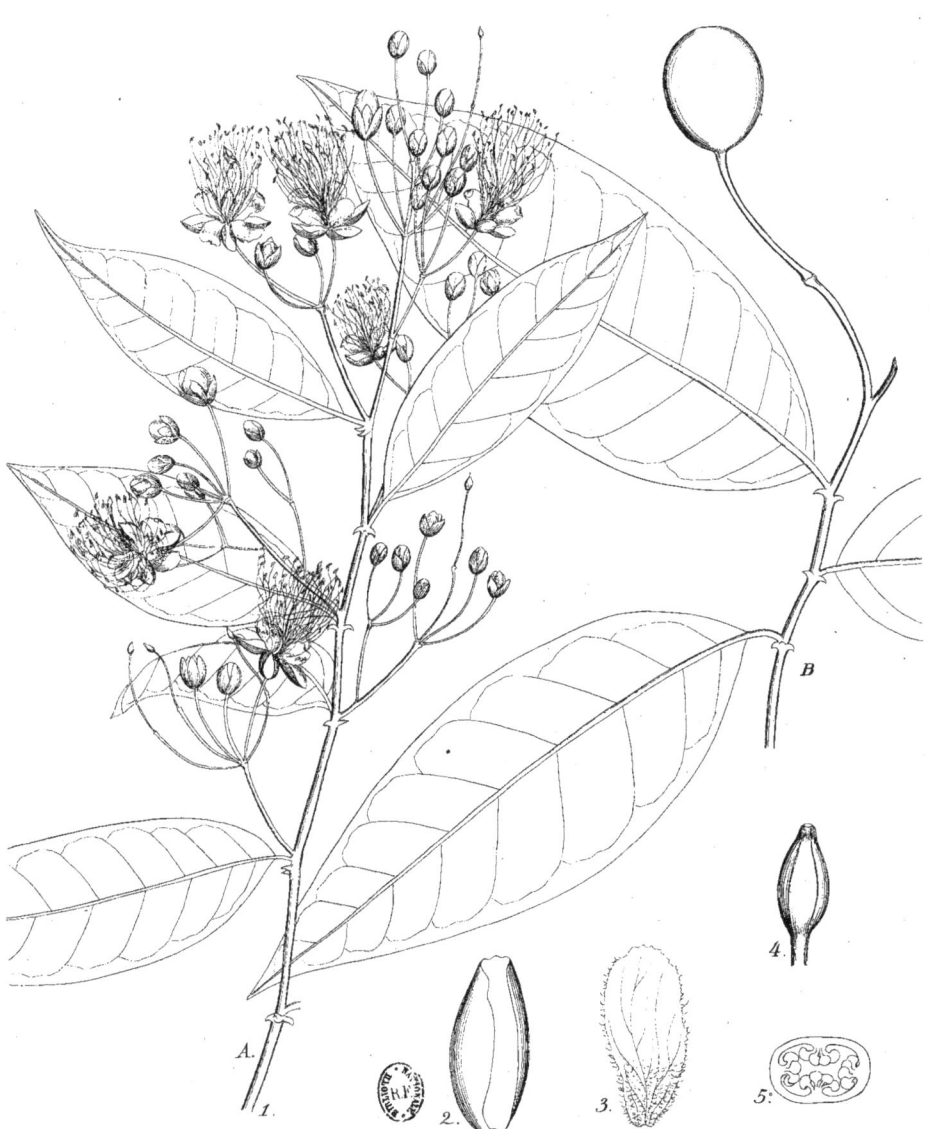

A. Capparis salaccensis Bl. — B. Var. celebica Miq.

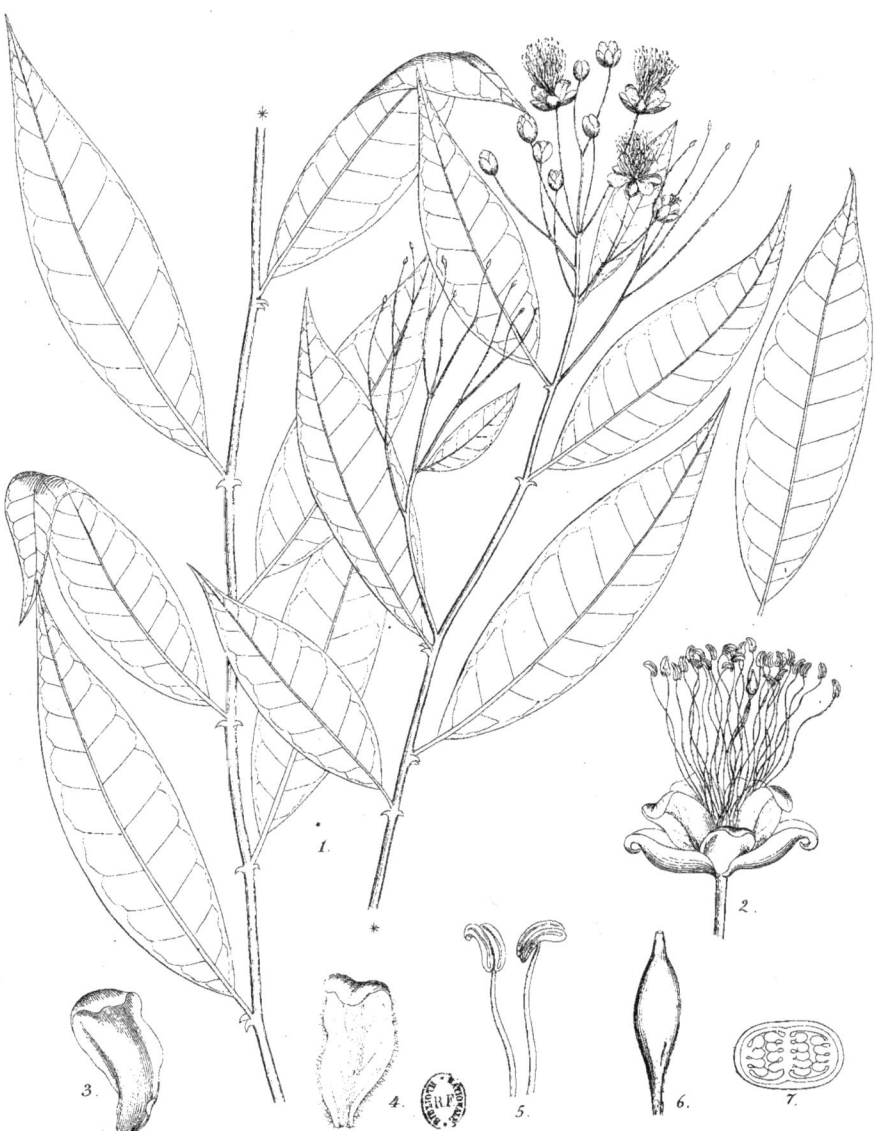

Capparis Hasseltiana Miq.

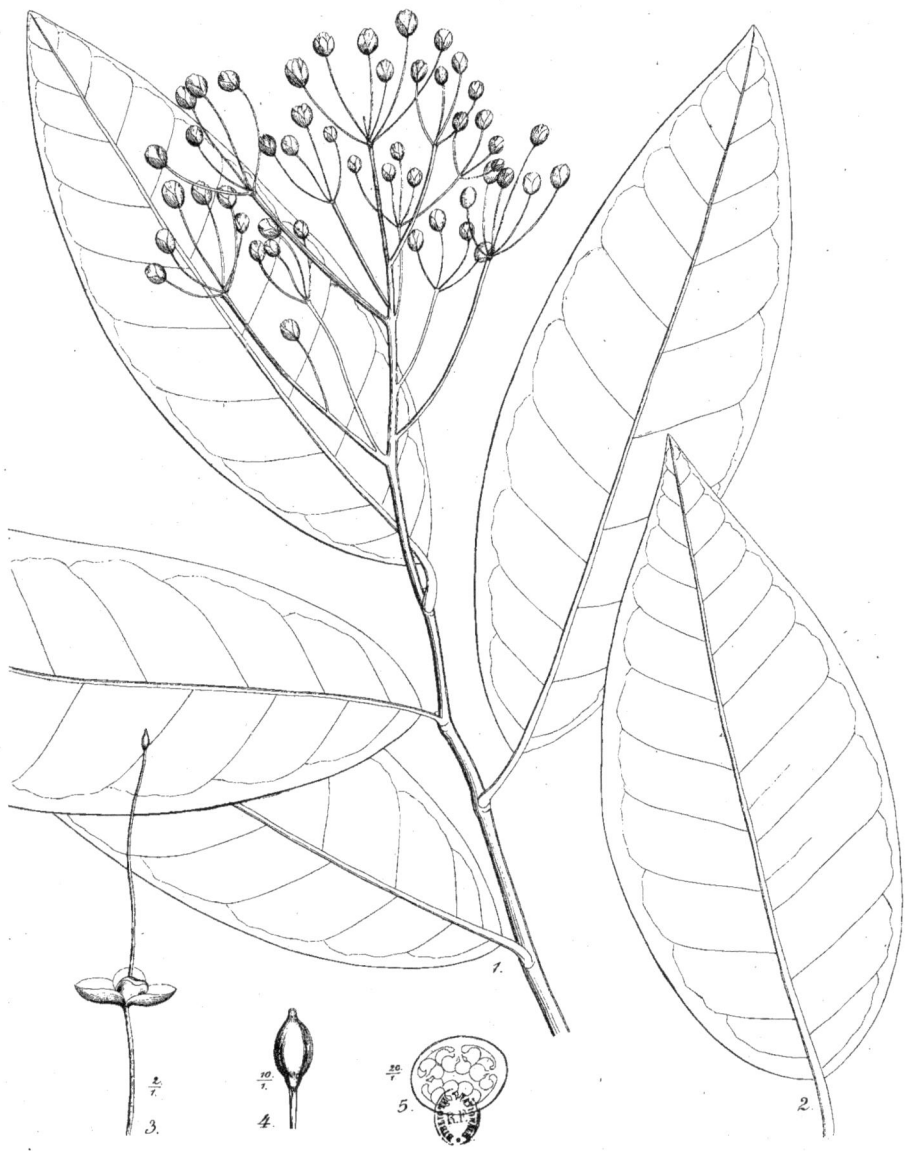

1. Capparis Zippeliana Miq. forma oblongifolia 2. forma arcuata.

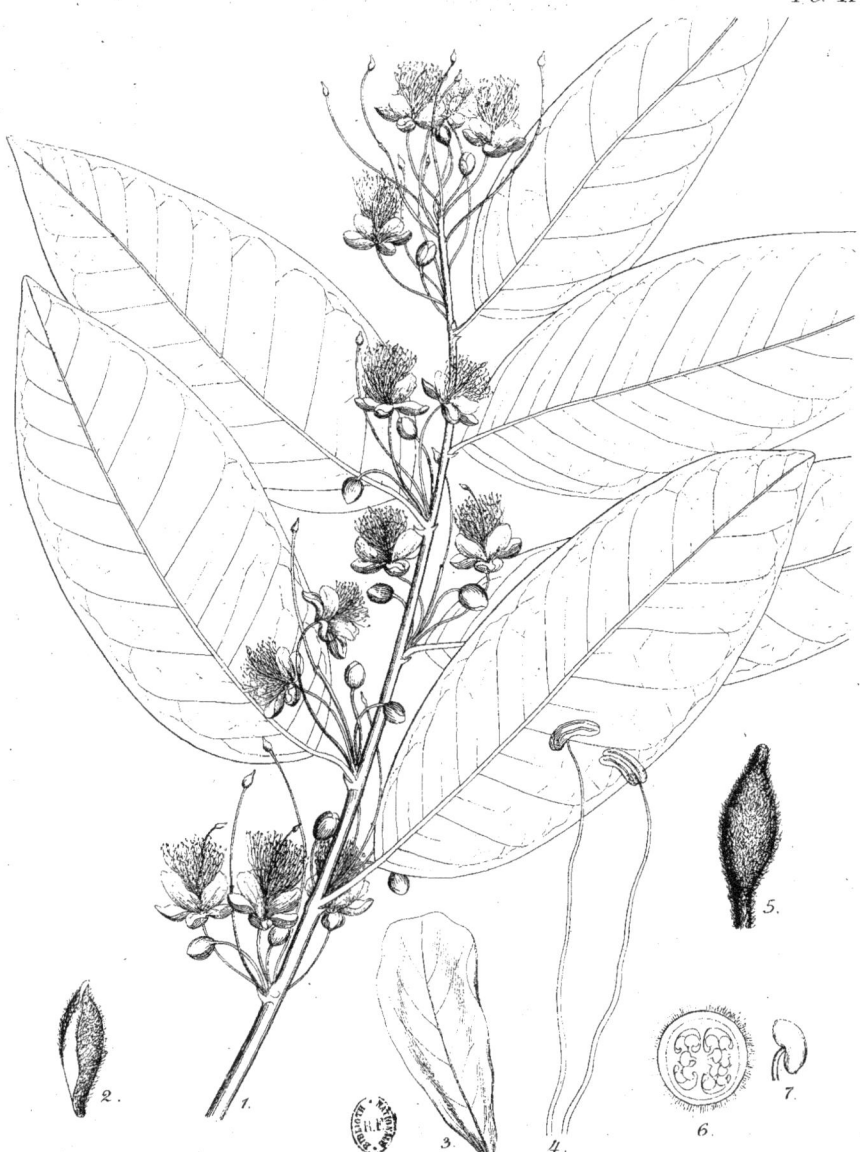

Capparis pubiflora DC.

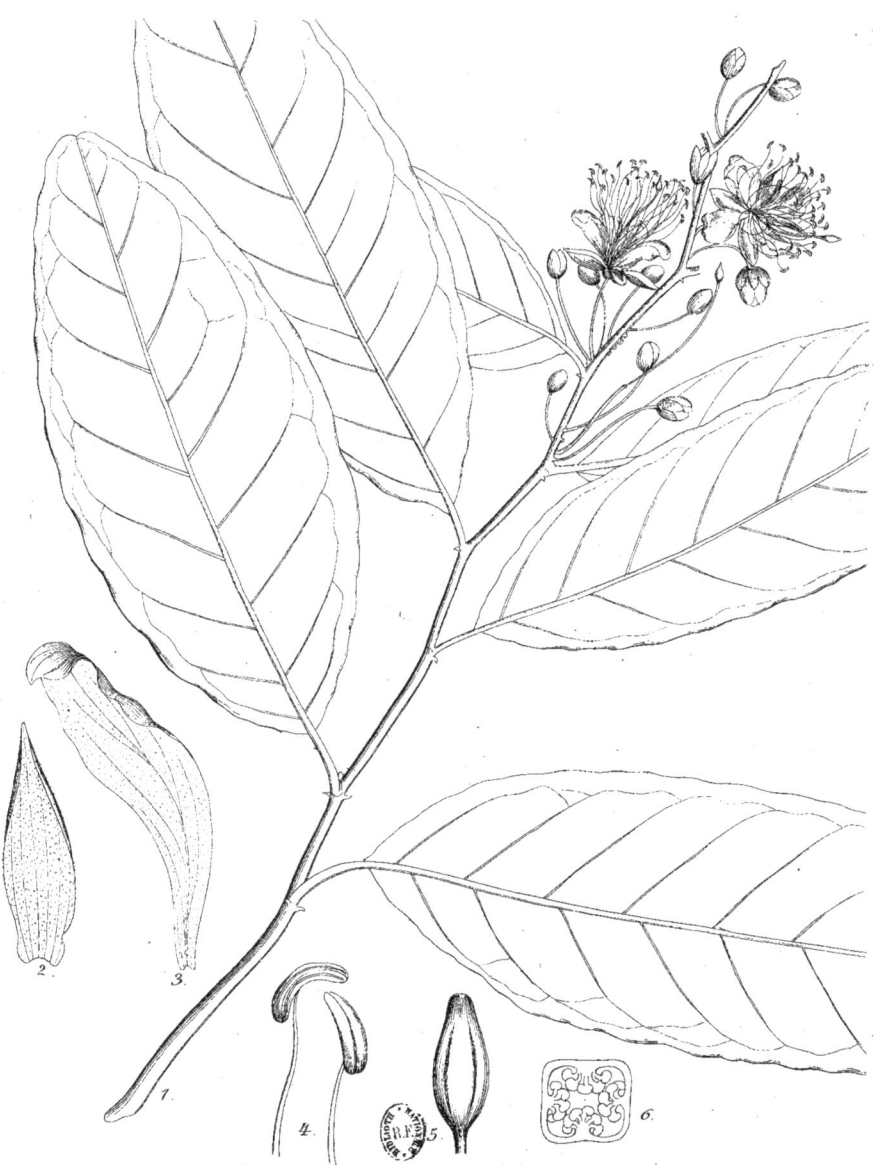
Capparis callosa Bl.

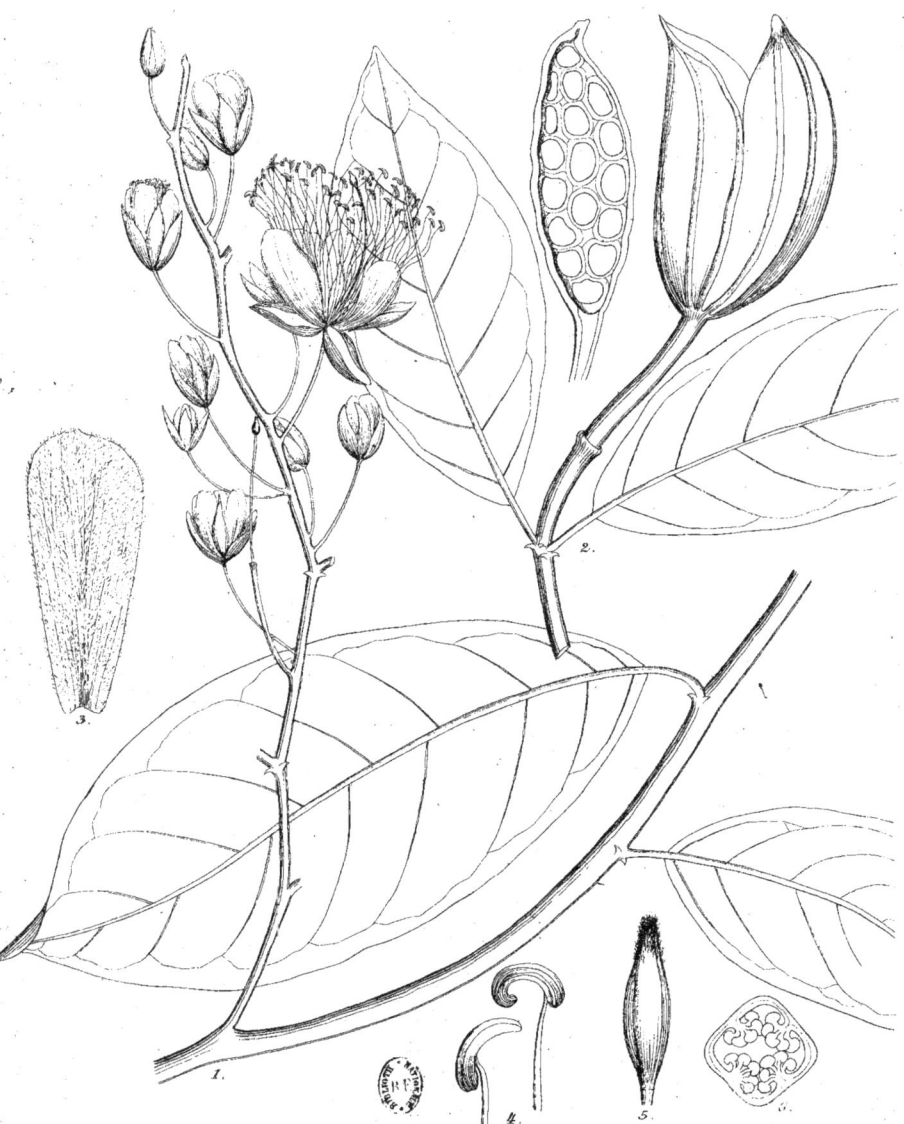

Pl. XVII.

Capparis Korthalsiana Miq.

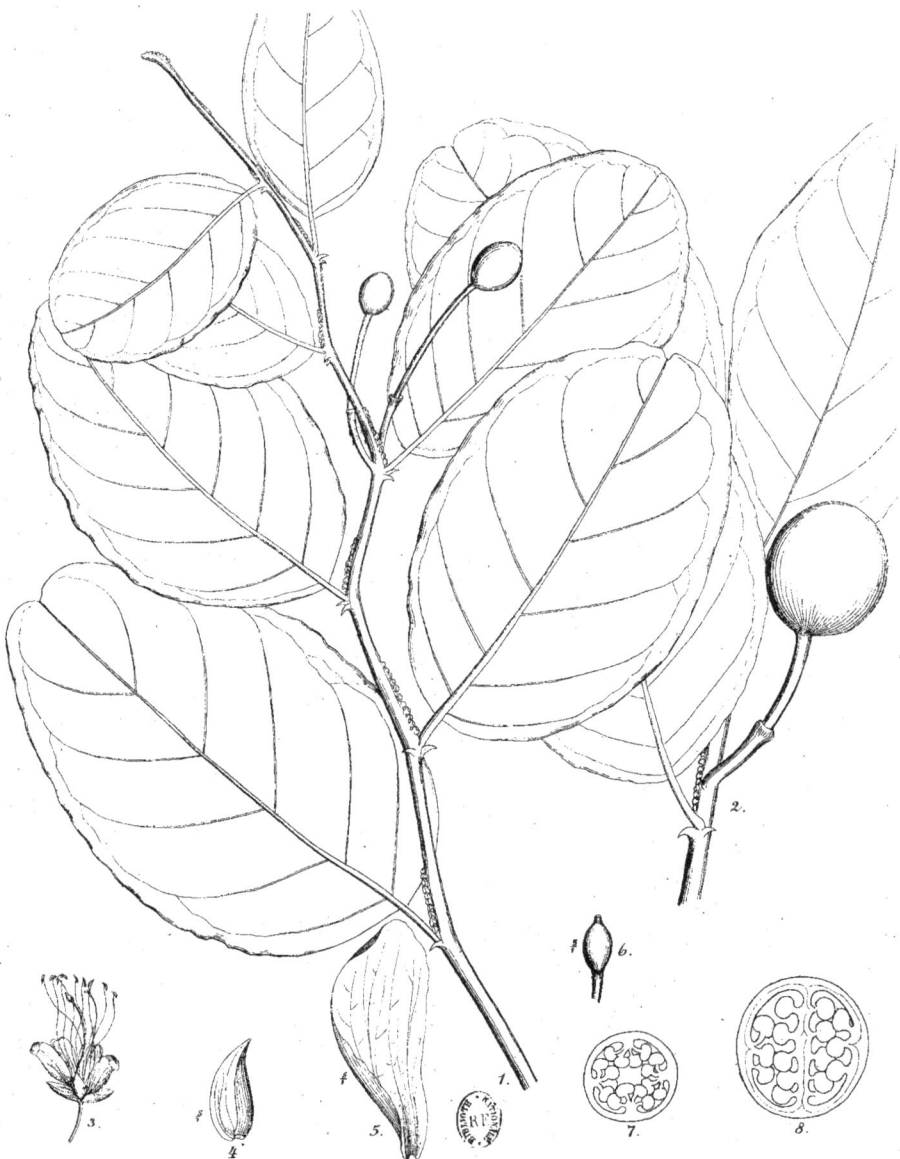

Capparis Forsteniana Miq.

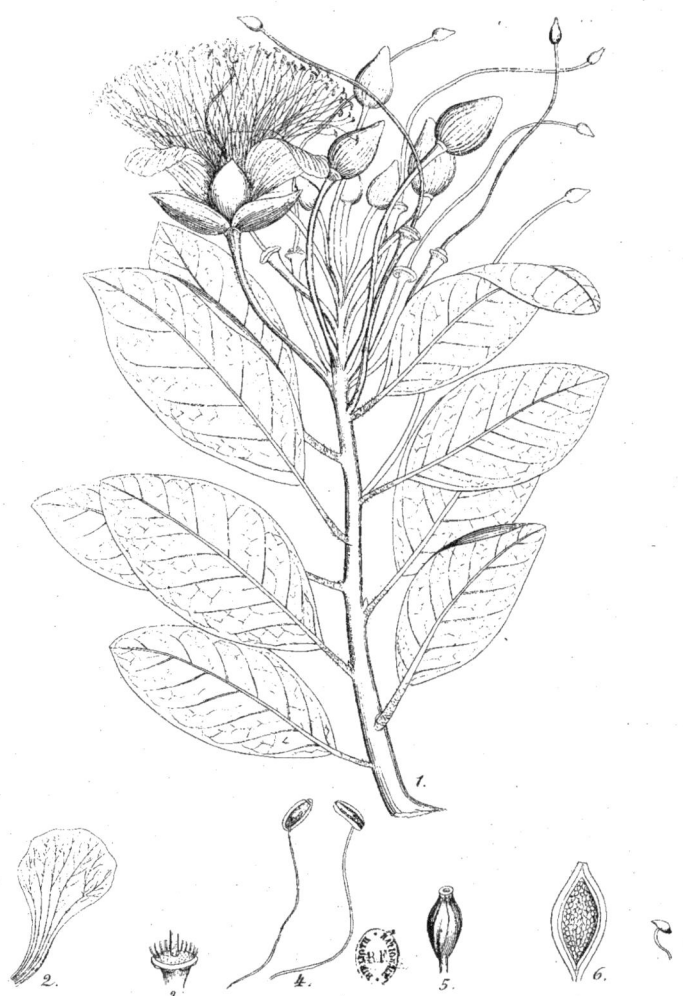

Capparis subacuta Miq

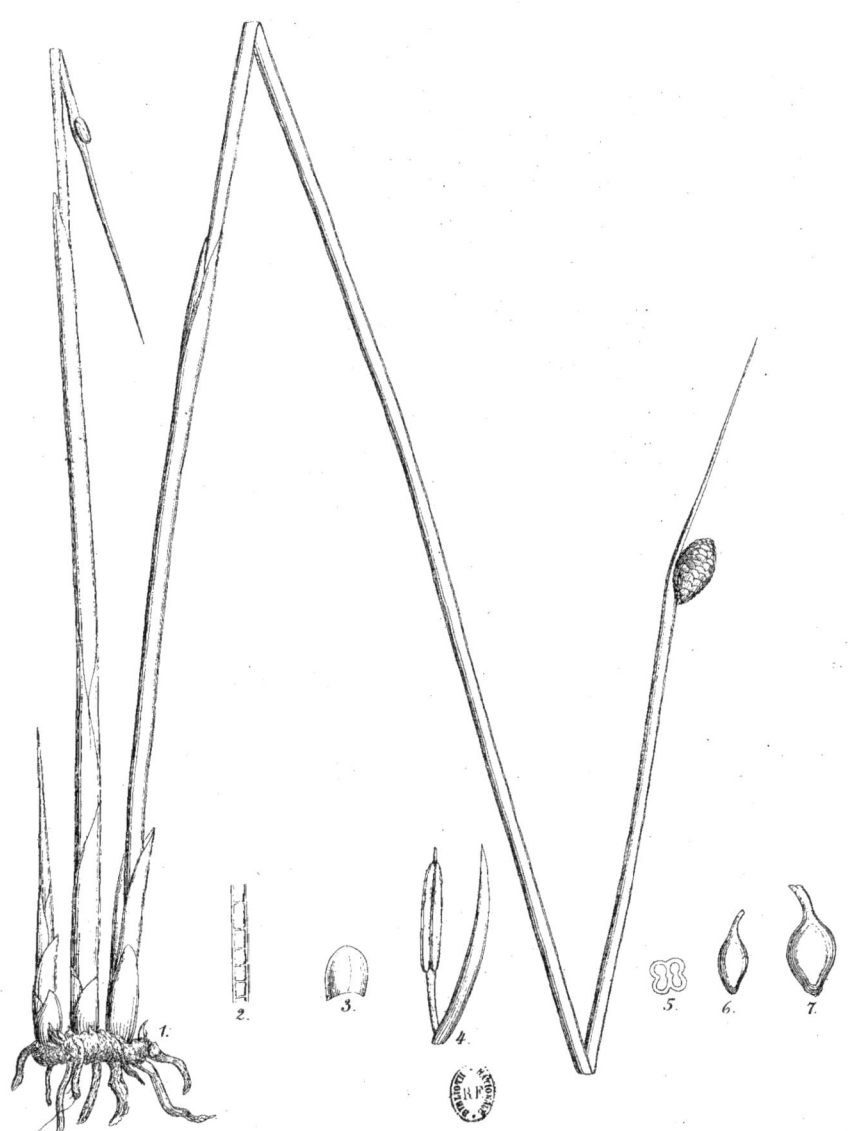

Pl. XX.

Lepironia mucronata L C Rich.

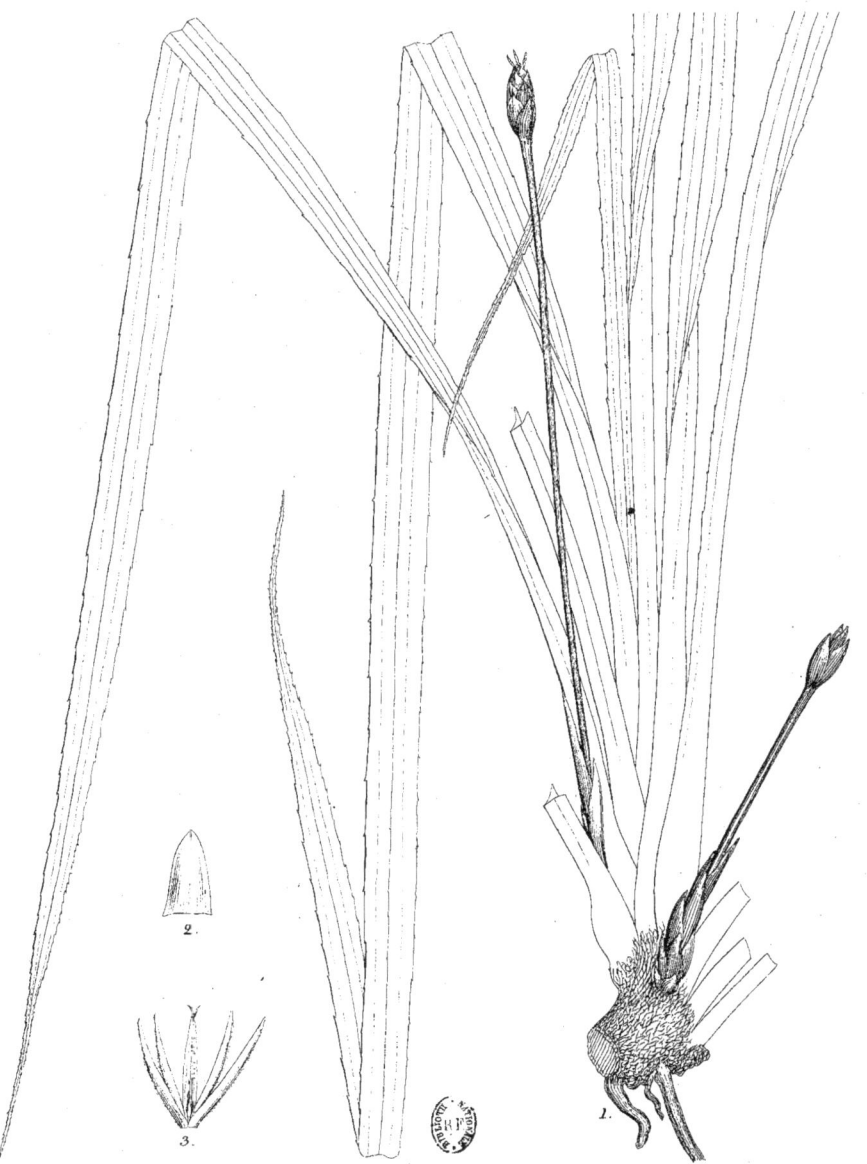

Lepironia enodis Miq.

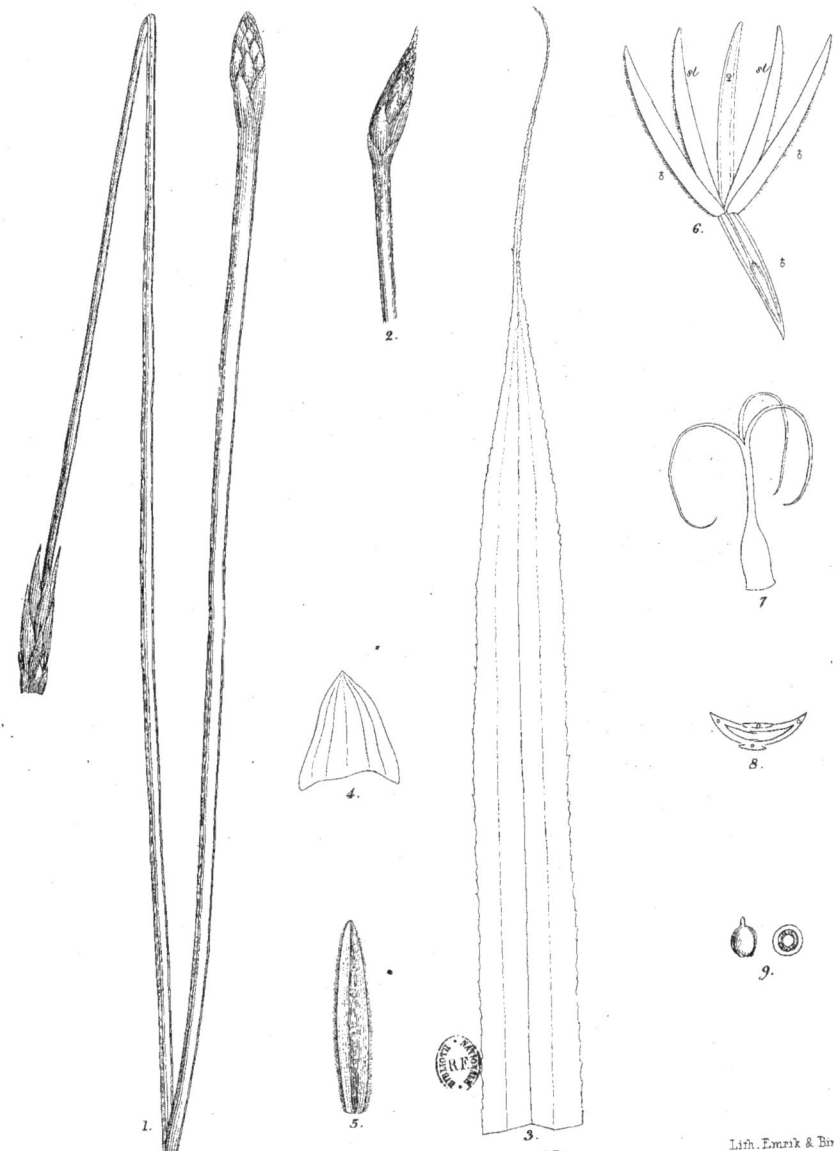
Lepironia ceylanica Miq.

Pl. XXIII.

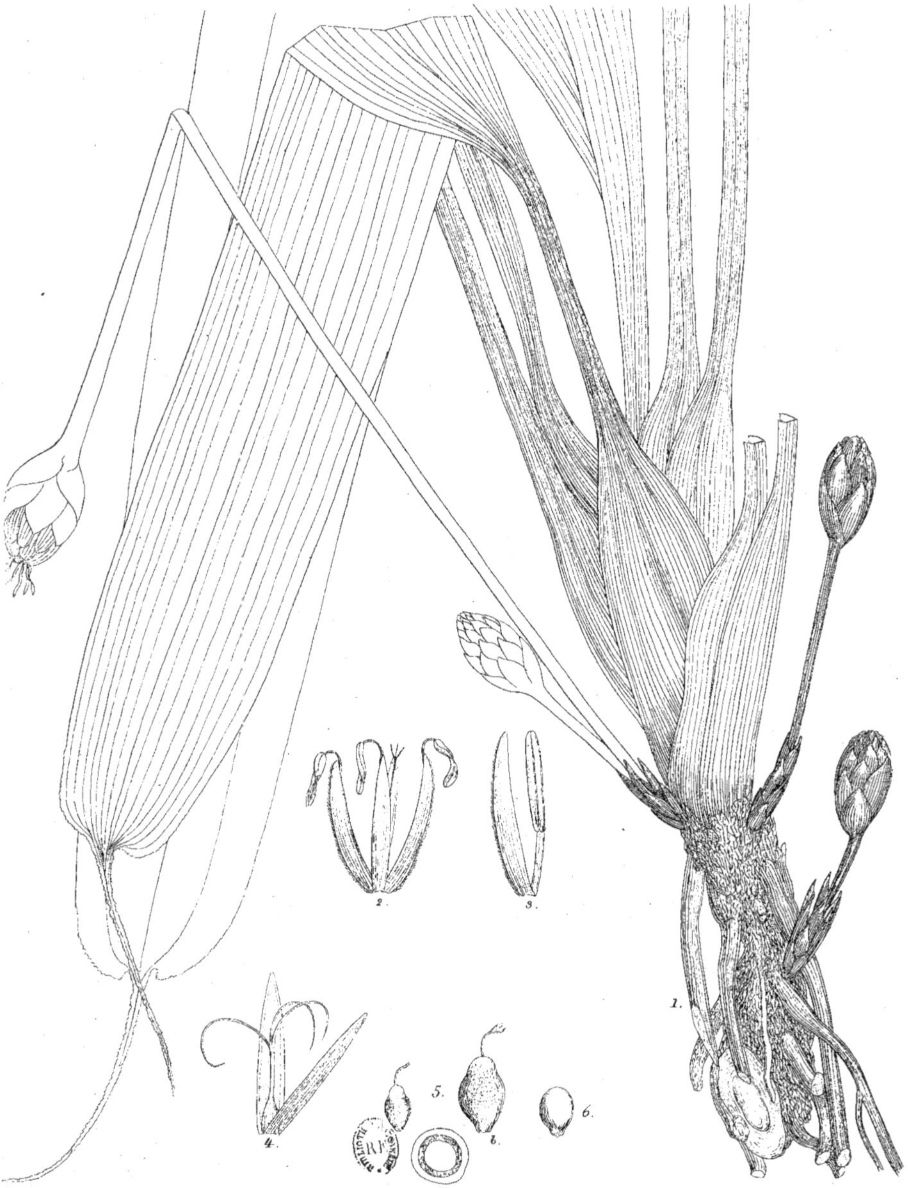

Lepironia humilis Miq.

Lith. Emrik & Binger.

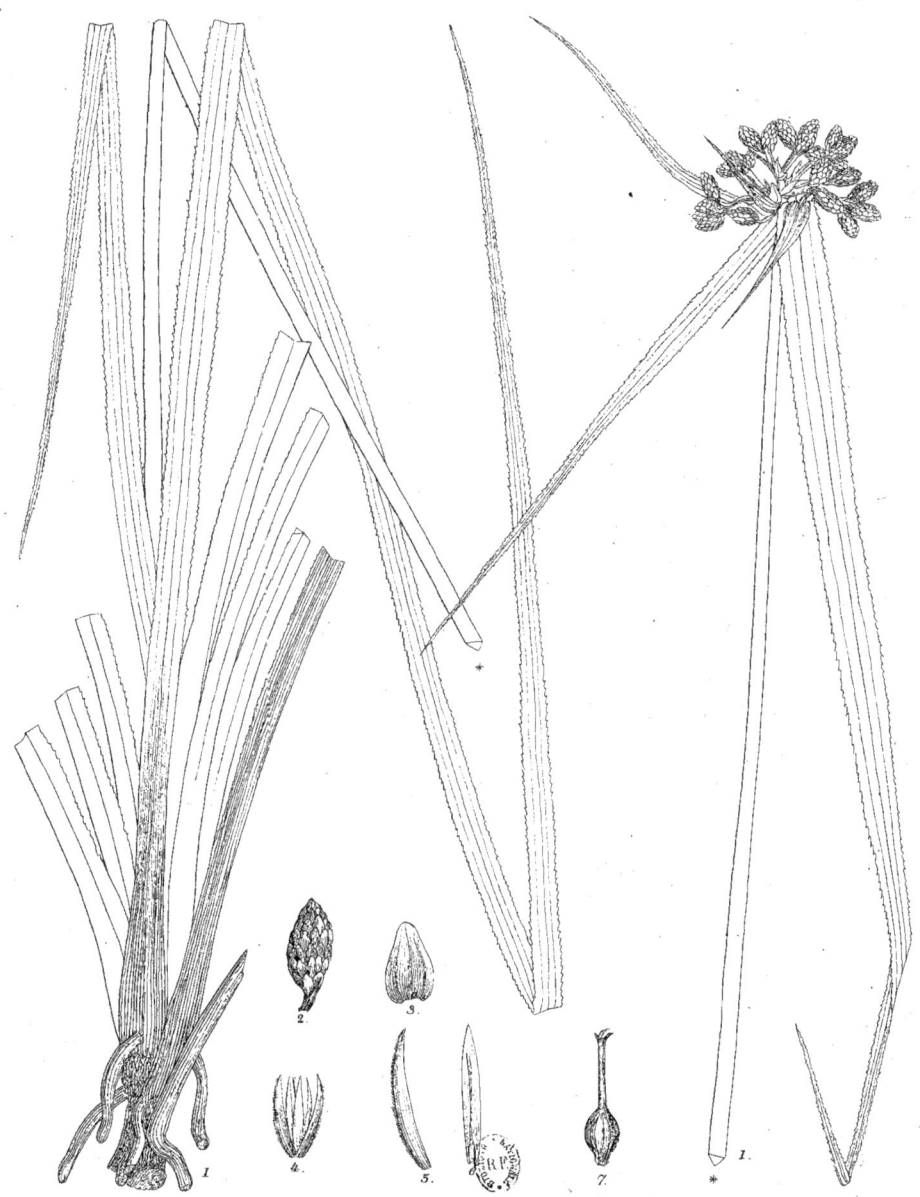

Lepironia sumatrana Miq.

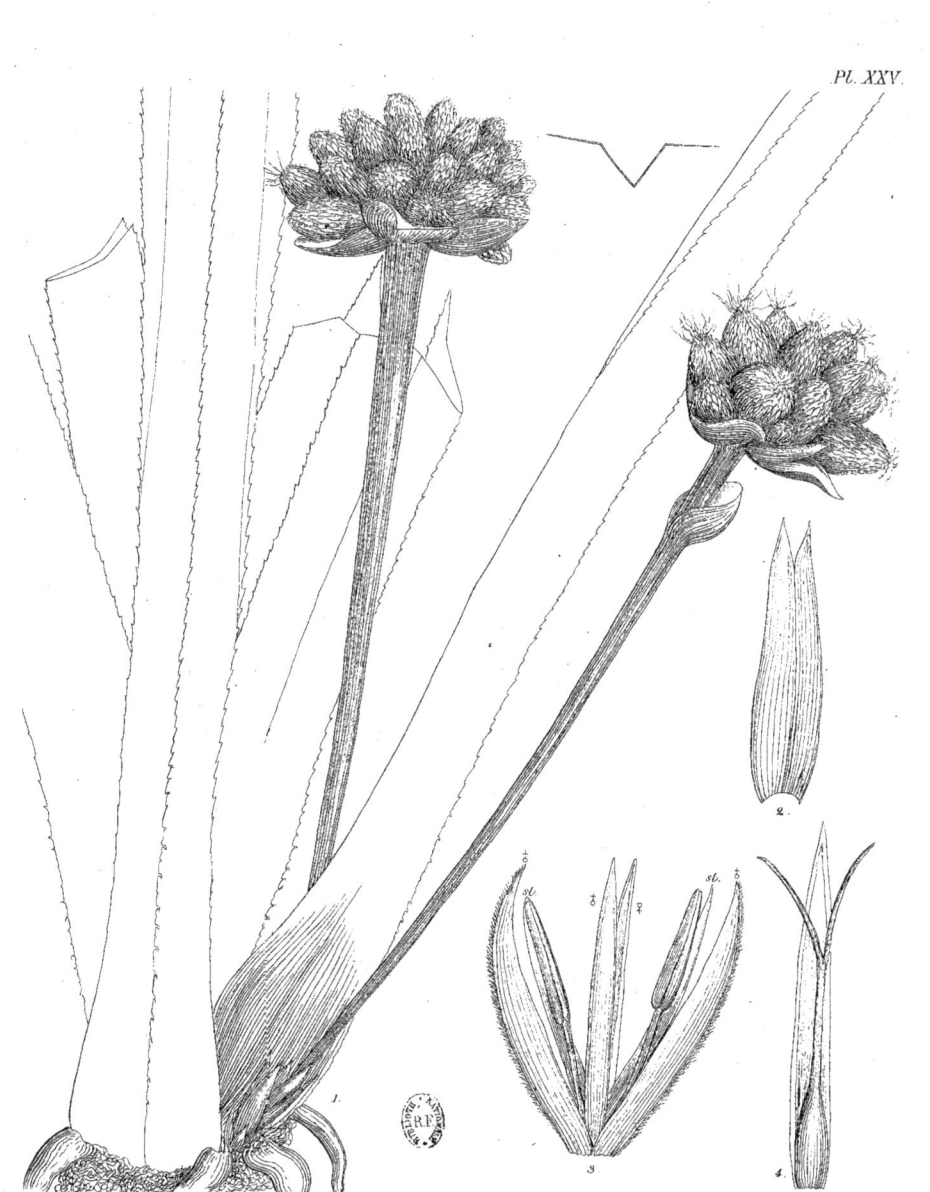

Lepironia palustris Miq.

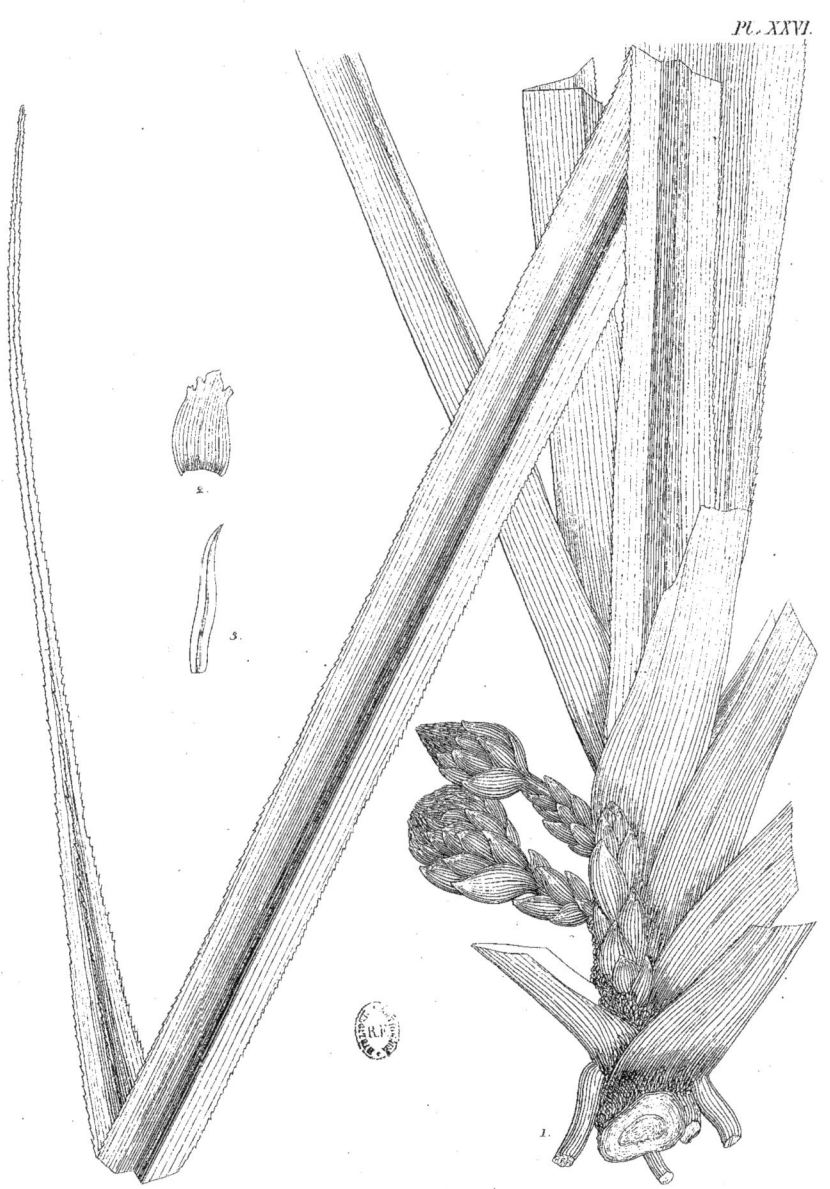

Lepironia squamata Miq.

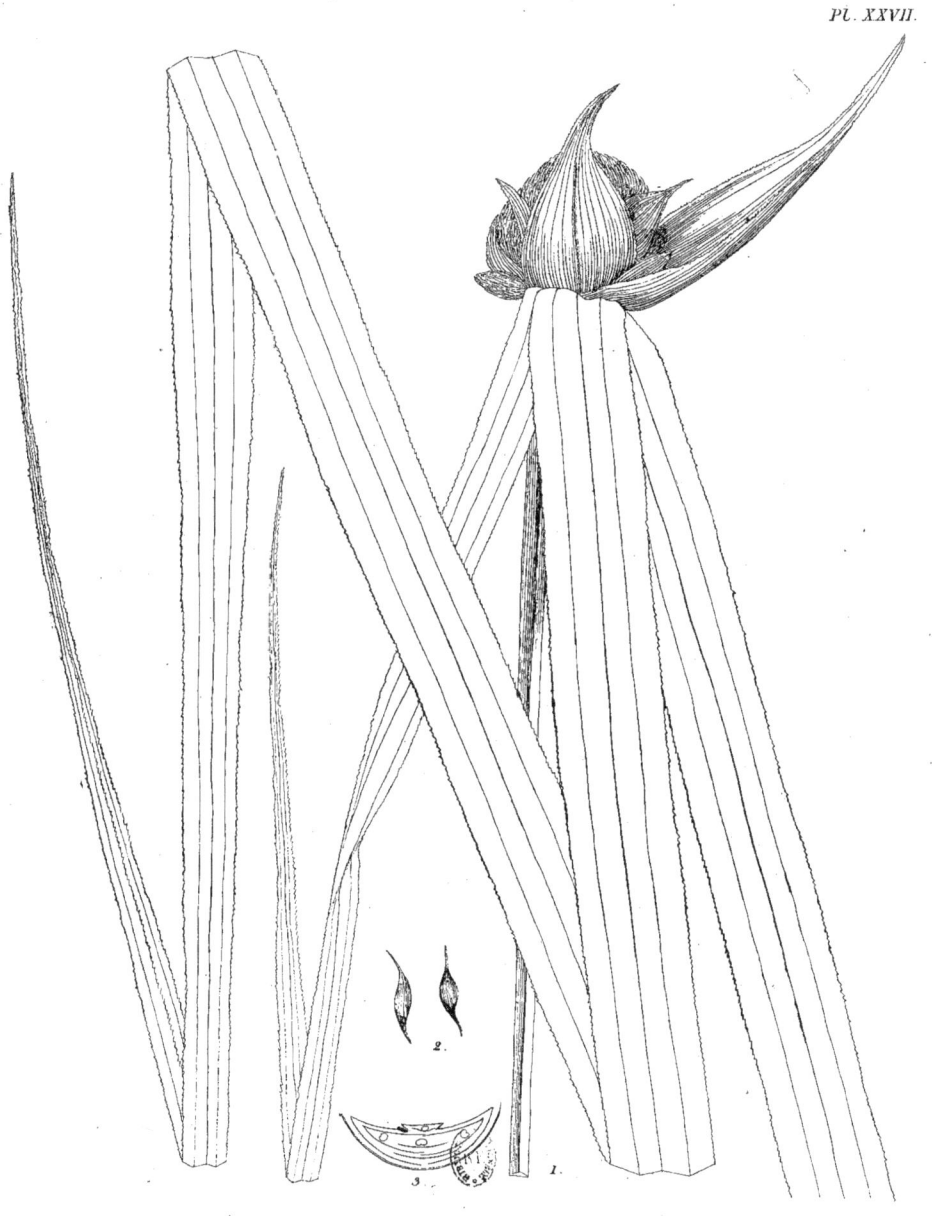

Lepironia macrocephala Miq.

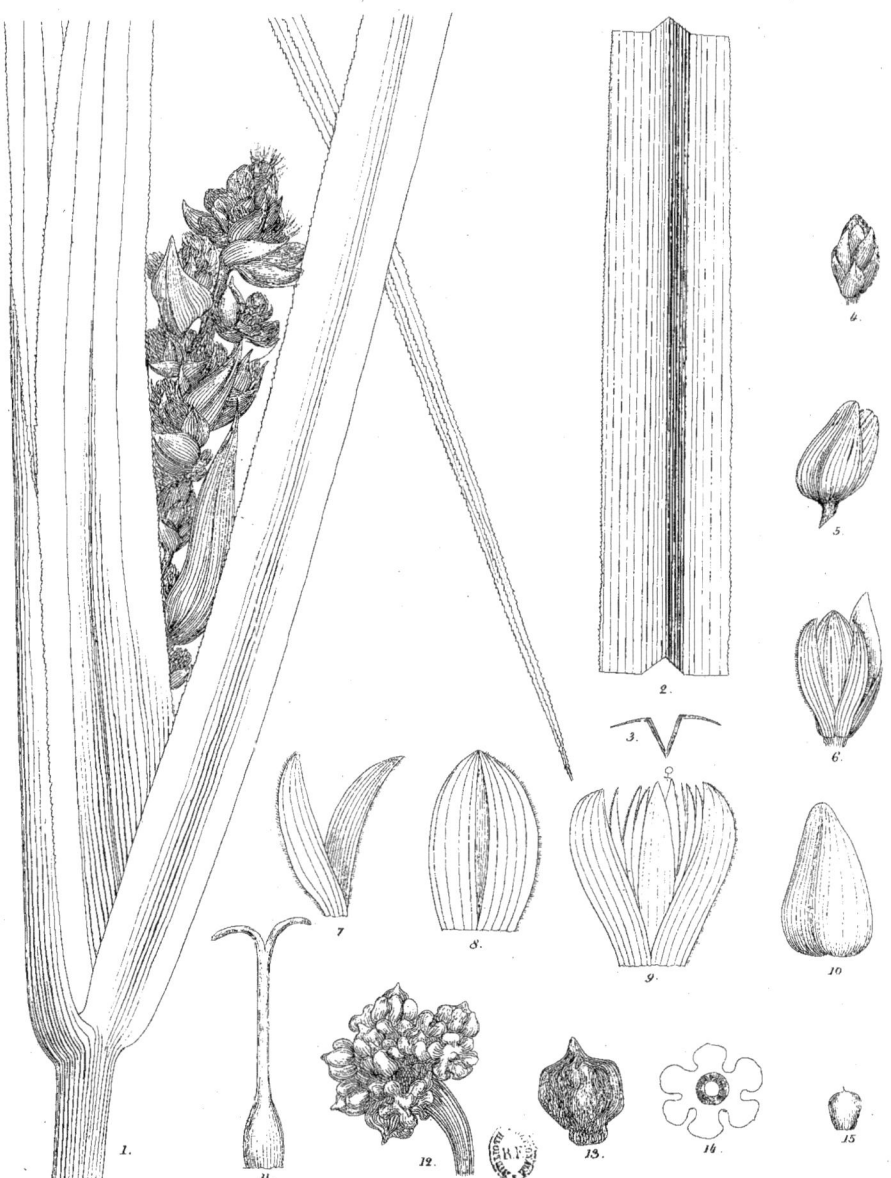

Pl. XXVIII.

Scirpodendron sulcatum Kurz.

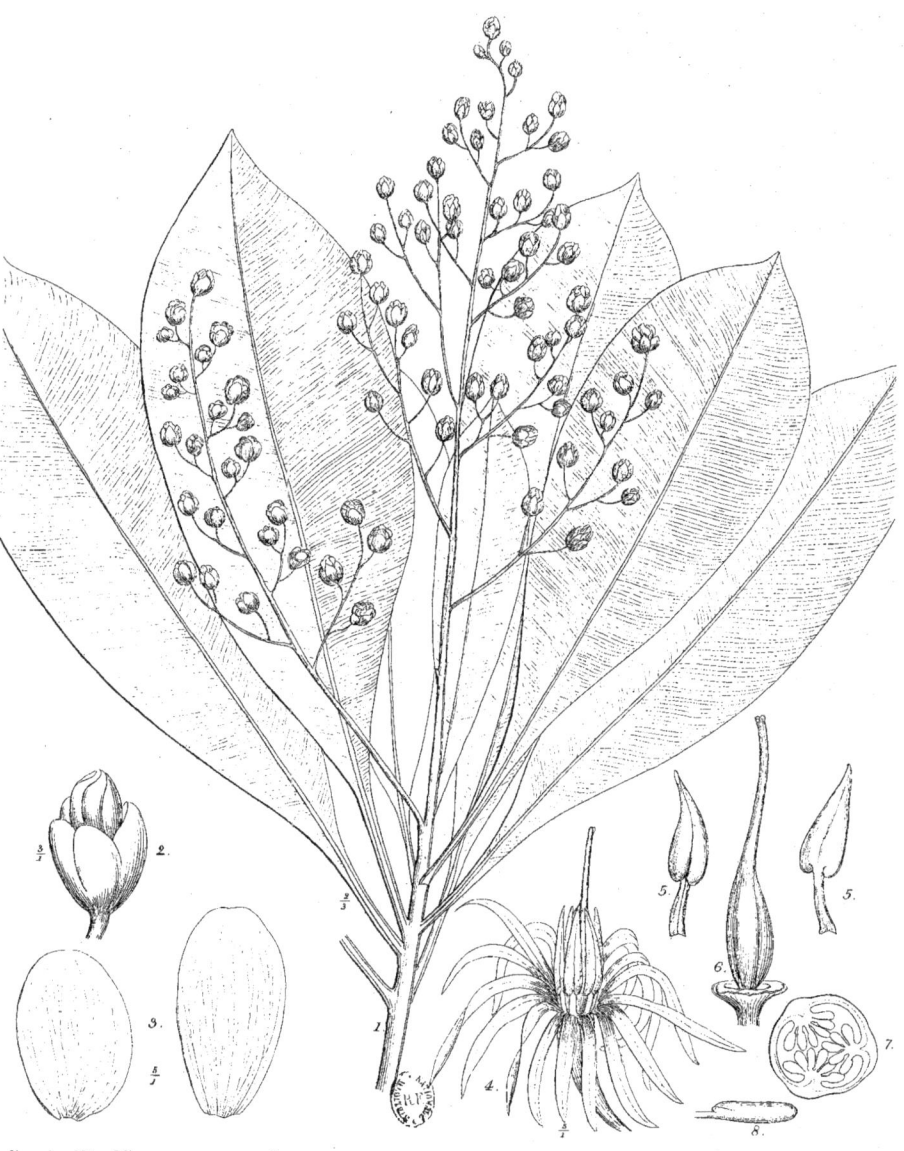

Schuurmansia elegans. Bl.

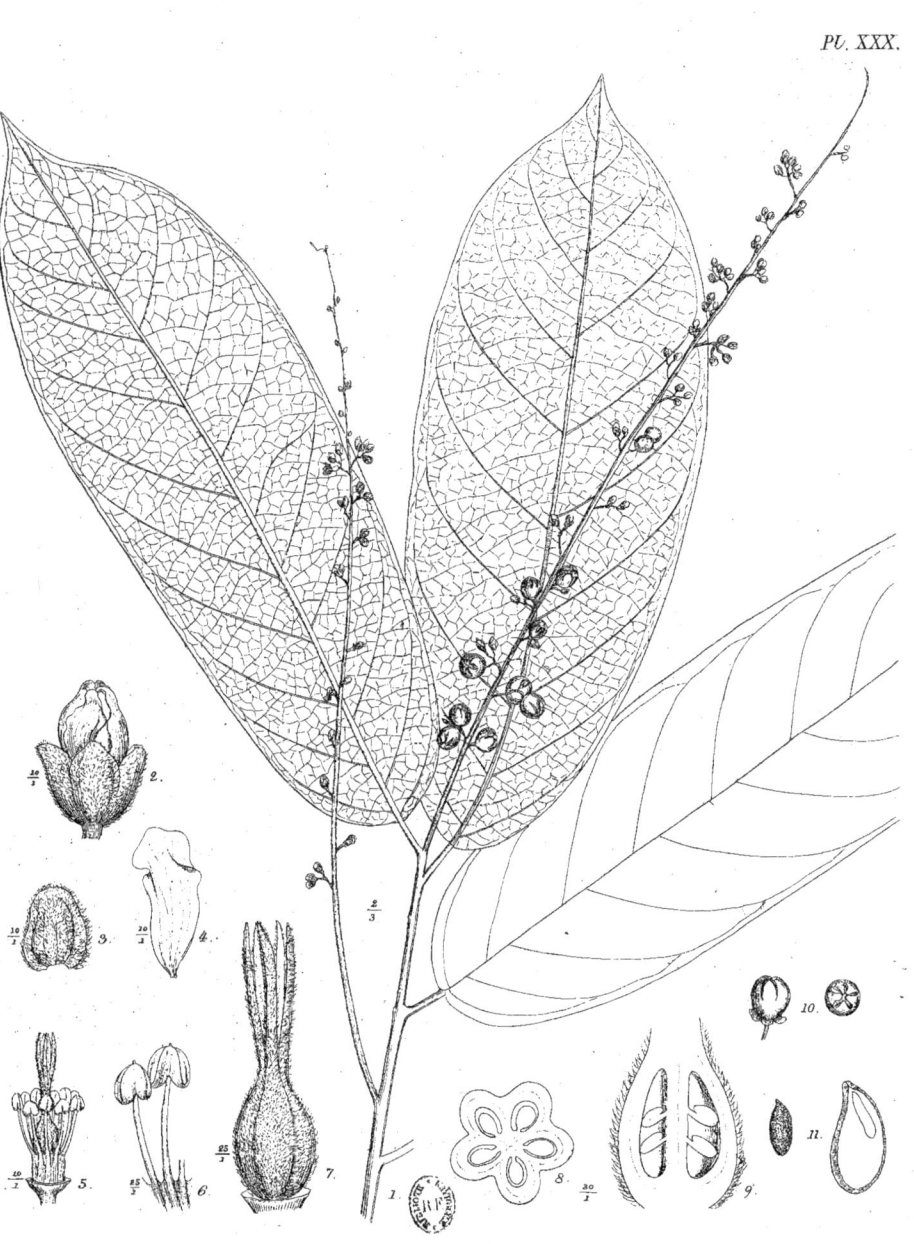

Sarcotheca macrophylla Bl.

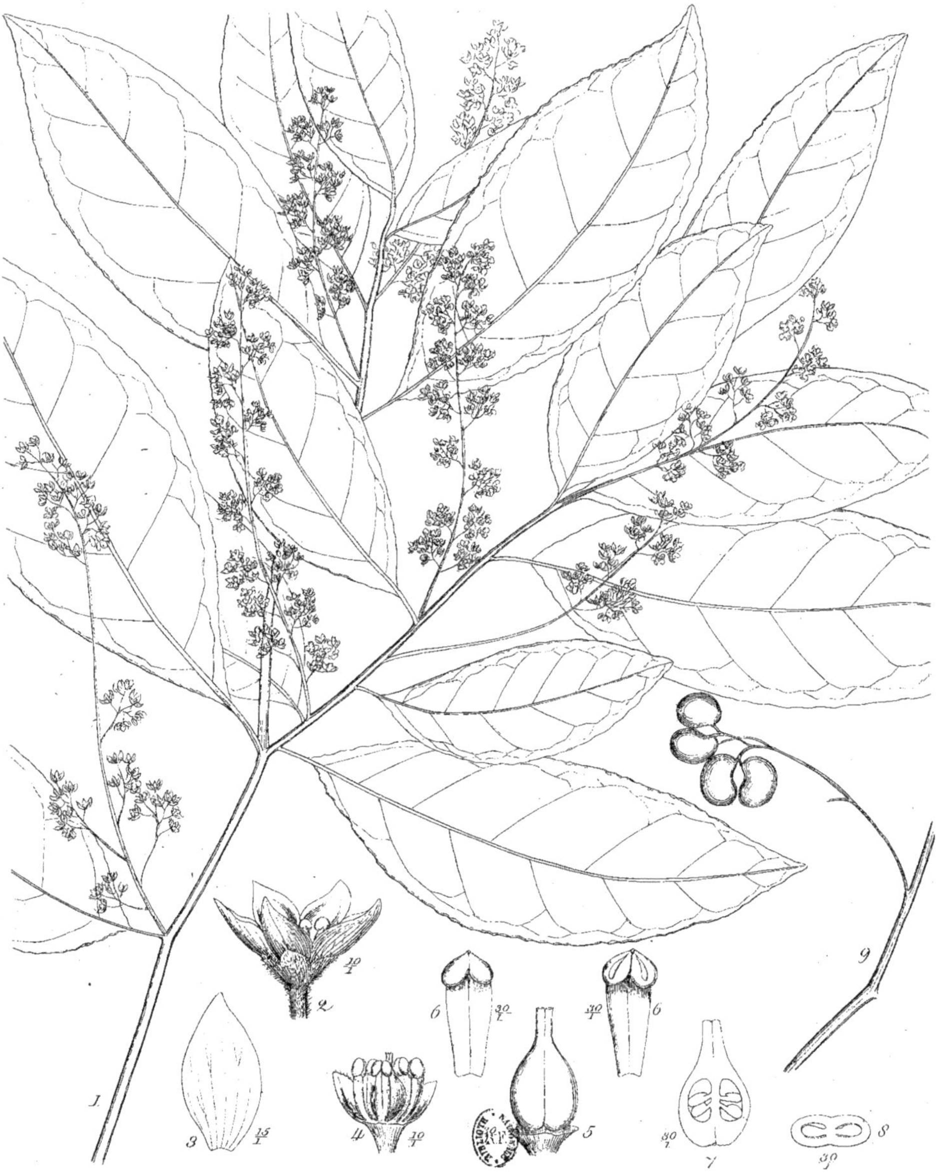

Pl. XXXI.

Sabia Menicosta Bl.

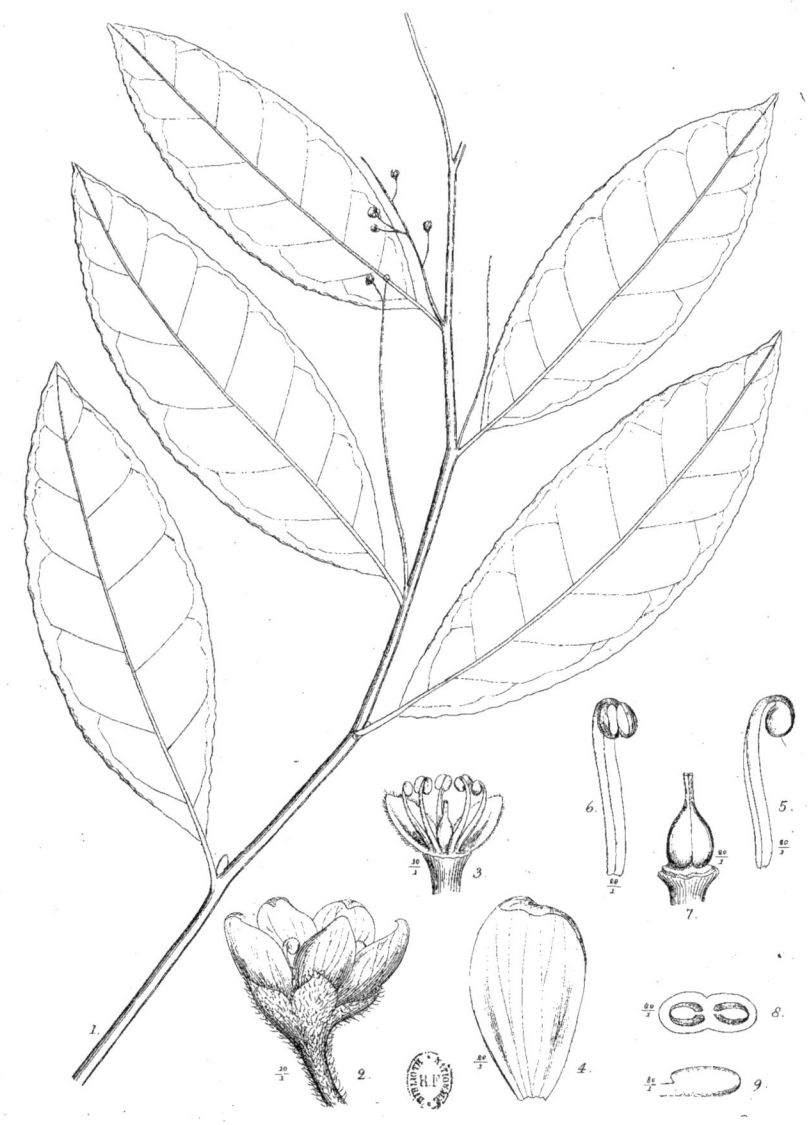

Sabia pauciflora Bl.

Sabia sumatrana Bl.

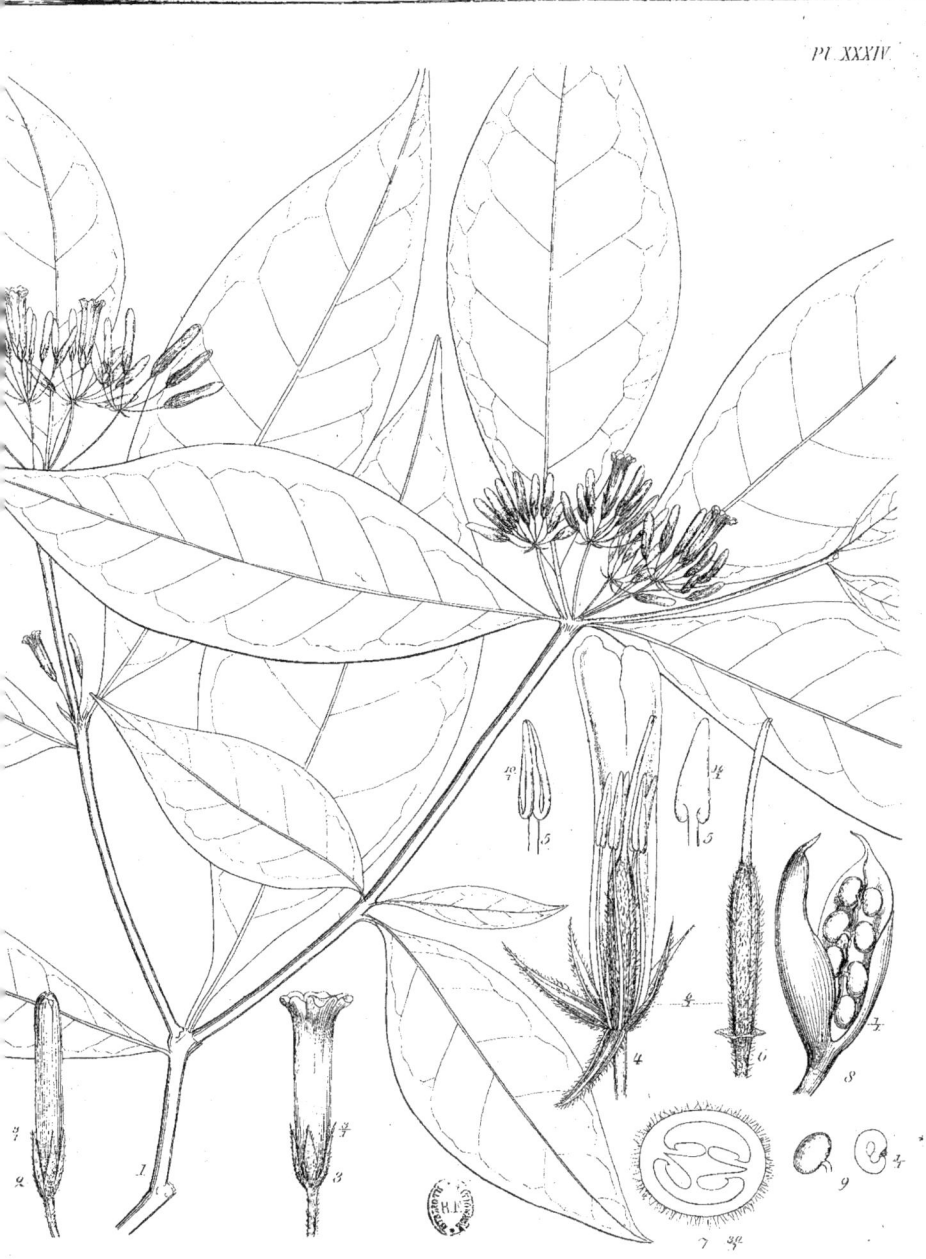
Pittosporum chelidospermum Bl.

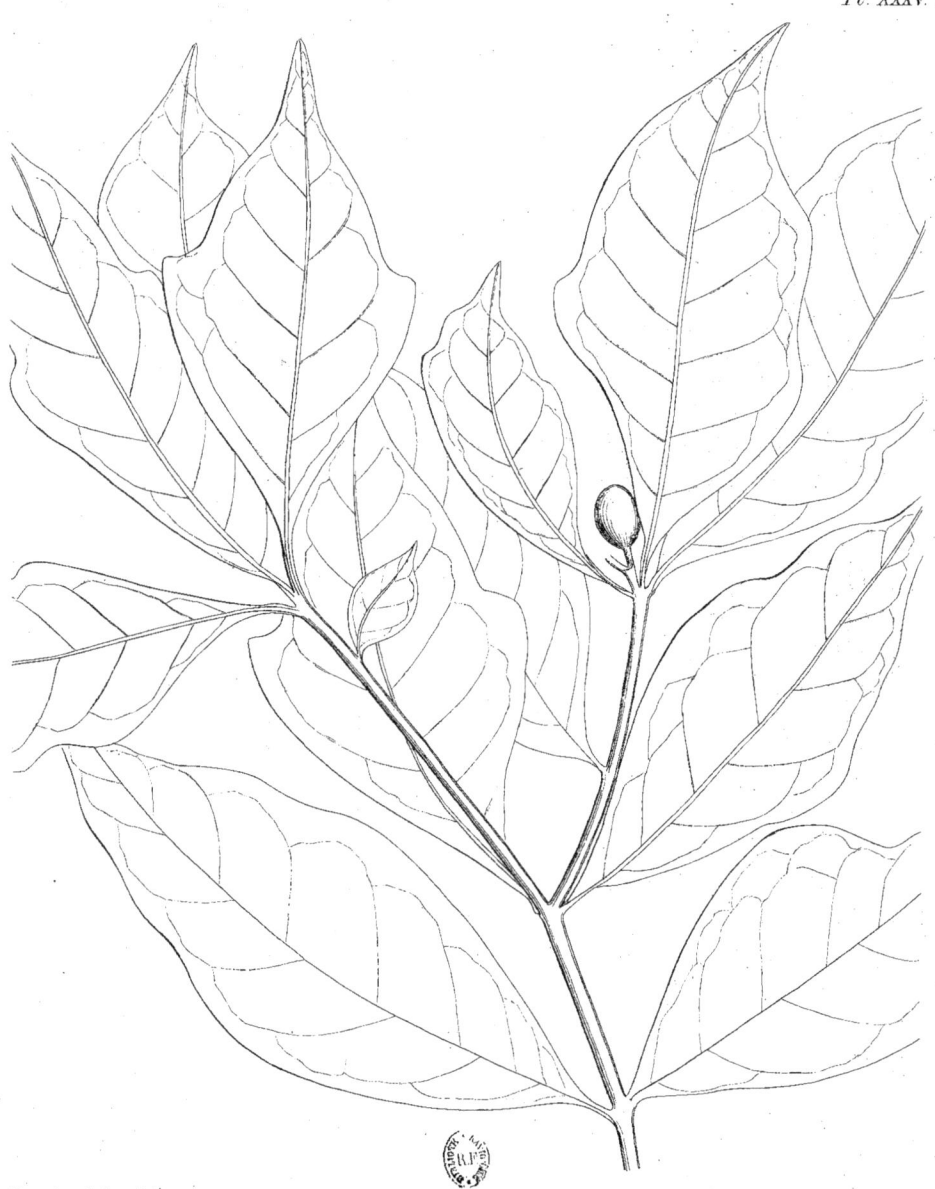
Pittosporum sinuatum Bl.

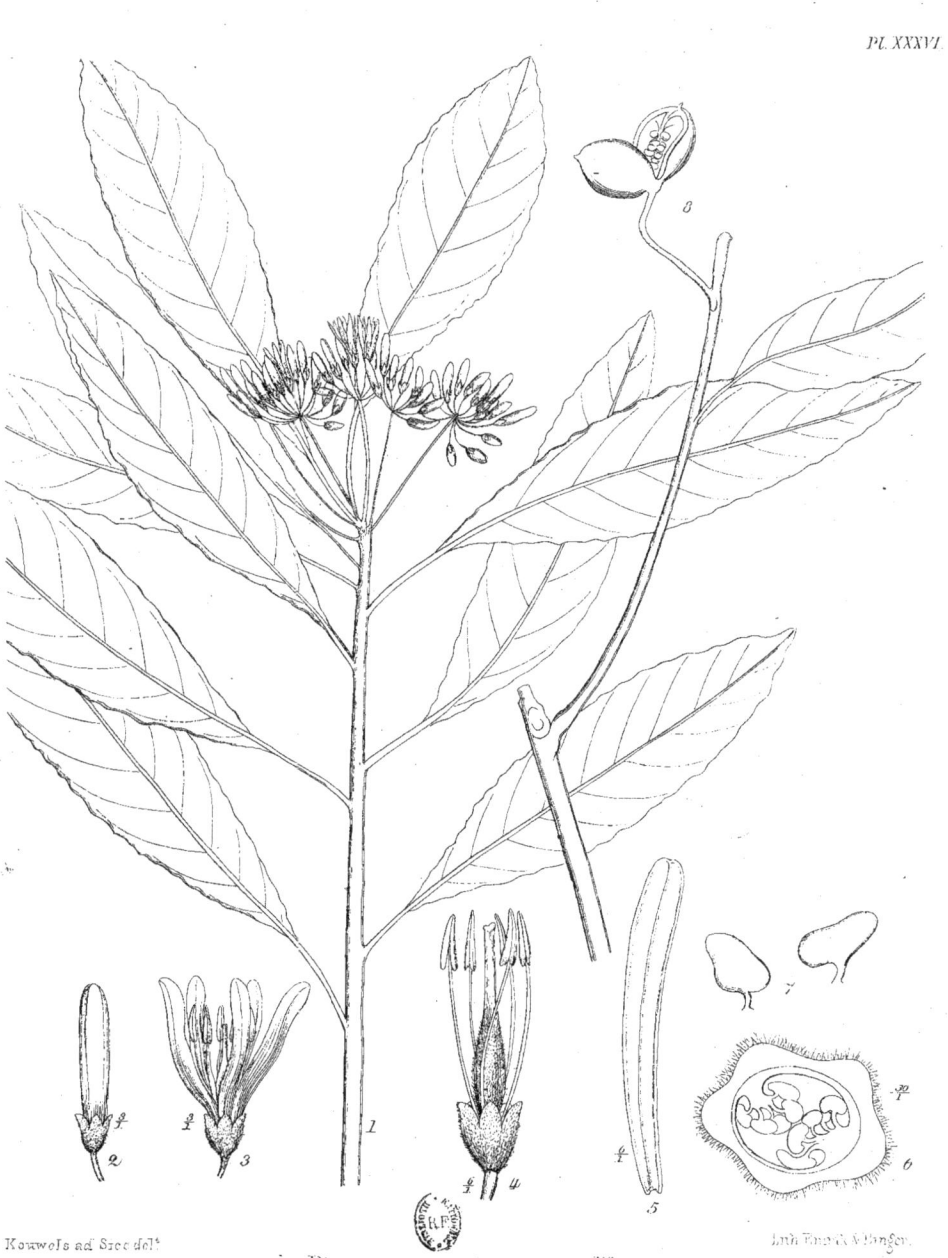

Pittosporum timorense Bl.

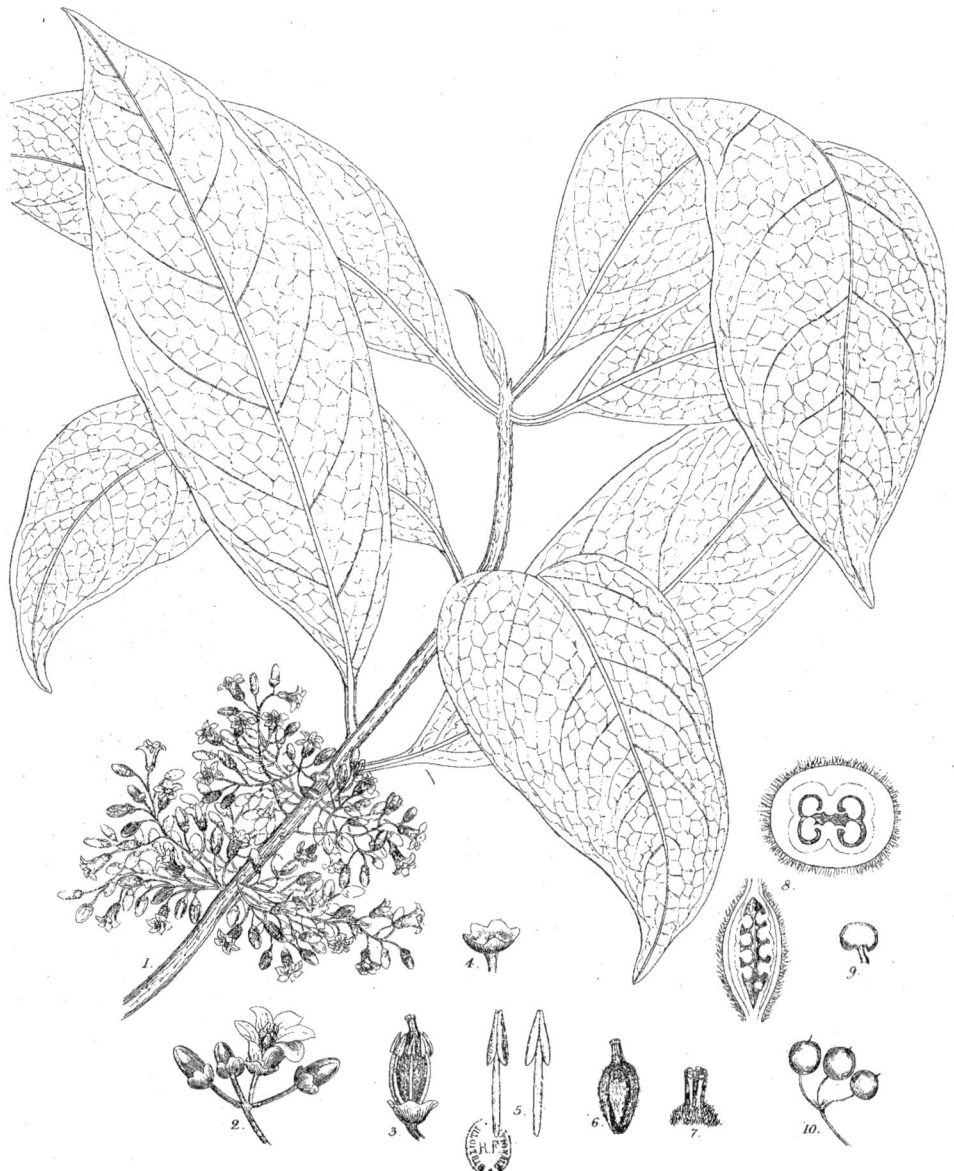

Pittosporum ramiflorum Zolling.

ILLUSTRATIONS

DE LA

Flore de l'Archipel Indien,

PAR

F. A. W. MIQUEL.

3me (dernière) Livraison.

AMSTERDAM,   UTRECHT,
C. G. VAN DER POST.   C. VAN DER POST JR.
LEIPZIG, — FRIEDR. FLEISCHER.
1871.

www.ingramcontent.com/pod-product-compliance
Lightning Source LLC
Chambersburg PA
CBHW071158240526
45470CB00017B/340